KB172972

칸토어가 들려주는 집합 이야기

칸토어가 들려주는 집합 이야기

초　판　1쇄 발행일 | 2005년 6월 30일
개정판　1쇄 발행일 | 2010년 9월 1일
개정판 12쇄 발행일 | 2021년 5월 31일

지은이 | 정완상
펴낸이 | 정은영
펴낸곳 | (주)자음과모음

출판등록 | 2001년 11월 28일 제2001－000259호
주　　소 | 04047 서울시 마포구 양화로6길 49
전　　화 | 편집부 (02)324－2347, 경영지원부 (02)325－6047
팩　　스 | 편집부 (02)324－2348, 경영지원부 (02)2648－1311
e－mail　| jamoteen@jamobook.com

ISBN 978－89－544－2029－7 (44400)

칸토어가 들려주는

집합 이야기

| 정완상 지음 |

(주)자음과모음

칸토어를 꿈꾸는 청소년을 위한 '집합' 이야기

이 책은 칸토어로부터 시작된 집합의 모든 것을 알려 주는 책입니다. 칸토어는 집합론을 처음 창시한 수학자로서 원소의 개수가 무한히 많은 무한집합을 다루는 방법을 처음으로 알아냈습니다.

저는 이 책에서 어떤 모임을 집합이라고 할 수 있는지 없는지, 두 집합의 연산에는 어떤 것들이 있는지 등을 자세히 다루었습니다.

여러분 자신이 집합의 원소가 되어 집합의 연산을 게임으로 이해할 수 있도록 설명하고 있으므로, 집합의 개념과 연산을 재미있고 쉽게 체득할 수 있을 것입니다. 또한 마지막 수업에서 배울 비둘기집의 원리를 통해서는 논리가 수학에서 얼마나 중요한지를 알게 될 것입니다.

저는 항상 초등학생들도 쉽게 이해할 수 있는 재미난 강의를 꿈꿨습니다. 그 방법의 하나로 위대한 수학자들이 직접 강의하며 일상 속 게임을 통해 하나하나 원리를 설명해 주는 것은 어떨까 하고 생각하게 되었고, 이 책에서 그것을 실현하게 되었습니다.

부록에 실은 창작 동화 〈명탐정 세트〉에서는 집합을 이용하여 범인을 밝혀내는 아이디어를 통해 칸토어의 집합 이론을 재미있게 배울 수 있을 것입니다.

정 완 상

차례

부록

첫 번째 수업 1

집합이란 무엇일까요?

원소가 무한히 많은 집합도 있을까요?
집합과 원소의 뜻을 알아봅시다.

1

첫 번째 수업

집합이란 무엇일까요?

교.
과.
연.
계.

중등 수학 1-1 Ⅰ. 집합과 자연수
고등 수학 1-1 Ⅰ. 수와 연산

칸토어는 집합의 예를 들며 첫 번째 수업을 시작했다.

오늘은 집합과 원소에 대해 이야기해 보겠습니다. 먼저 질문에 답해 보세요.

4보다 작은 자연수는?

__ 1, 2, 3입니다.

누구에게 물어도 4보다 작은 자연수는 1, 2, 3입니다. 이렇게 조건을 만족하는 대상이 정확하게 결정되는 모임을 집합이라고 부릅니다.

집합은 영어 대문자로 나타냅니다. 그러므로 이 집합을 A라고 하면 다음과 같이 쓸 수 있습니다.

$A=\{1, 2, 3\}$

이렇게 집합을 이루는 대상을 그 집합의 원소라고 부르지요. 즉 1, 2, 3은 집합 A의 원소이고, 4는 집합 A의 원소가 아닙니다. 그러므로 집합 A의 원소는 3개입니다.

수학자들은 말보다 기호를 즐겨 사용합니다. 즉, 1이 집합 A의 원소라는 것은 다음과 같이 씁니다.

$1 \in A$

4가 집합 A의 원소가 아니라는 것은 다음과 같이 씁니다.

$4 \notin A$

또한 집합은 그림으로도 나타내는데, 이것을 벤 다이어그램이라고 부릅니다.

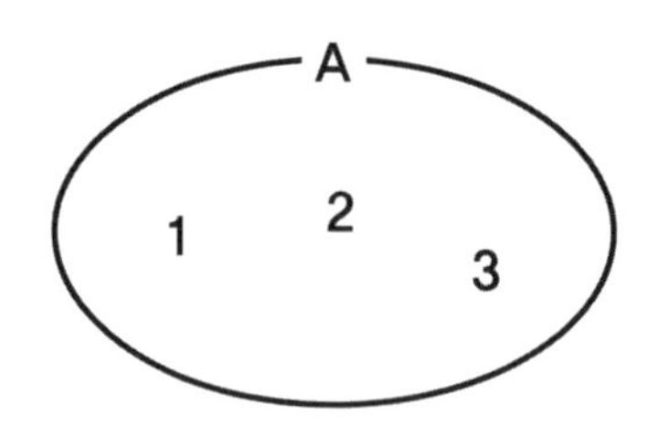

집합이 아닌 것

우리는 모든 모임을 집합이라고 부르지 않습니다. 예를 들어, 우리 반에서 키가 작은 사람들의 모임을 봅시다.

키가 작다는 것은 생각하기 나름입니다. 키가 작다 혹은 크다는 기준은 명확하지 않기 때문이지요. 이렇게 대상을 정확하게 골라낼 수 없는 모임은 집합이 아닙니다. 마찬가지로 예쁜 사람의 모임, 뚱뚱한 사람의 모임을 집합이라고 부르지 않습니다.

하지만 우리 반에서 키가 150cm 이상인 학생의 모임은 집합입니다. 반 학생들의 키를 재어서 150cm 이상인 학생들을 정확하게 골라낼 수 있기 때문이지요.

__아, 조건이 명확해야 하는구나.

공집합

원소가 없는 집합도 있을까요? 그렇습니다. 예를 들어, 우리 반에서 키가 2m 이상인 사람의 모임을 봅시다. 우리 반 학생들의 키를 모두 재 보았더니 그런 학생은 없었습니다.

이렇게 대상을 정확하게 골라낼 수는 있지만, 해당되는 대상이 없을 수 있습니다. 그러므로 이 집합의 원소는 없습니다. 이런 집합을 공집합이라고 부르지요. 공집합은 { } 또는 ϕ로 나타냅니다.

예를 들어, 집합 C를 1보다 작은 자연수의 모임이라고 합시다. 1보다 작은 자연수는 없으니까 집합 C의 원소는 없습니다. 그러므로 집합 C는 공집합입니다.

무한집합과 유한집합

다음 세 집합을 봅시다.

A = {1, 2}

B = {x|x는 6의 약수의 집합}

C = {x|x는 5 이상의 자연수의 집합}

집합 A의 원소의 개수를 n(A)라고 나타냅니다. 여기서 n은 'number'의 첫 글자입니다.

집합 A의 원소는 2개임을 다음과 같이 나타낼 수 있습니다.

n(A) = 2

집합 B를 보도록 하죠. 6의 약수는 1, 2, 3, 6이므로 집합 B의 원소는 4개입니다. 즉, 다음과 같지요.

n(B) = 4

집합 C를 보면 5 이상의 자연수는 5, 6, 7, 8, 9, …로 끝없

이 많습니다.

이렇게 집합 A, B처럼 원소의 개수가 유한한 집합을 유한집합이라고 하고, 집합 C처럼 원소의 개수가 무한한 집합을 무한집합이라고 부릅니다.

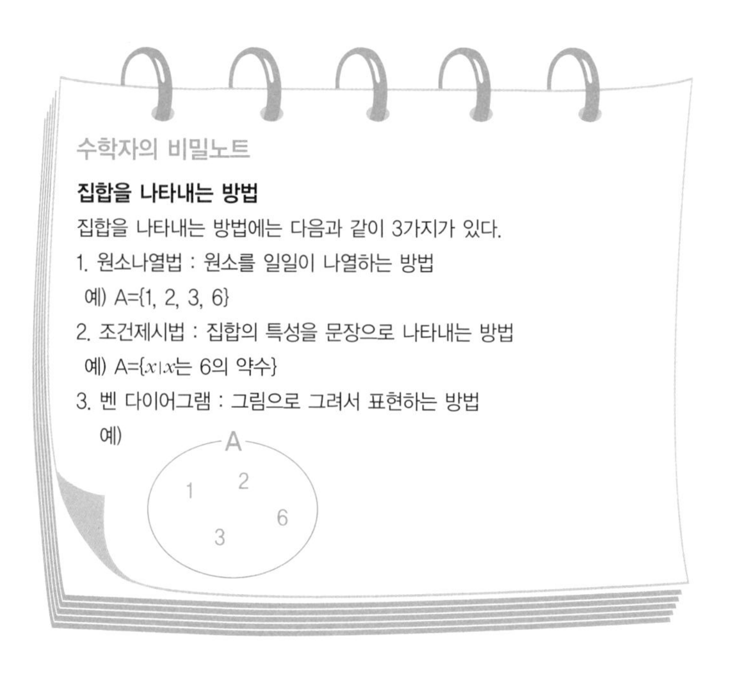

만화로 본문 읽기

도깨비 나라에 볼 일이 있어서 왔습니다.
집합의 나라
안 돼! 도깨비 나라는 키가 작은 사람들의 집합이야. 그래서 당신 같이 키가 큰 사람은 들어갈 수가 없어.

그거 이상하군요. 키 작은 사람들의 집합이라…. 그건 집합이 될 수 없을 텐데요.
무슨 소리야?

모든 모임을 집합이라고 부르지 않습니다. 키가 작은 사람들의 모임에서 키가 작다 혹은 키가 크다는 기준은 명확하지 않기 때문에 대상을 정확하게 결정할 수 없습니다. 따라서 이런 모임은 집합이 아닙니다.

누구에게 물어도 4보다 작은 자연수는 1, 2, 3이죠? 따라서 4보다 작은 자연수는 집합이 되죠. 즉, 대상이 정확하게 결정되는 모임을 집합이라 부르고, 4보다 작은 자연수의 집합을 A라고 하면 이렇게 쓸 수 있는 것이죠.
A = {1, 2, 3}
또는
A = {x|x는 4보다 작은 자연수}

이때 집합을 이루는 대상을 그 집합의 원소라고 부릅니다. 즉 1, 2, 3은 집합 A의 원소이고, 4는 집합 A의 원소가 아닙니다. 그러므로 집합 A의 원소의 개수는 3개이며 이것을 기호로 나타내면 n(A)=3입니다.
1은 집합 A의 원소다.
1 ∈ A
4는 집합 A의 원소가 아니다.
4 ∉ A

또한 집합의 원소는 그림으로도 나타내는데, 이것을 벤 다이어그램이라고 부릅니다.
A
1
2
3
아이, 복잡해. 알았어! 알았으니까 통과! 통과!

두 번째 수업 2

집합의 포함 관계

한 집합이 다른 집합을 포함할 수 있을까요?
부분집합에 대해 알아봅시다.

2

두 번째 수업

집합의 포함 관계

교과연계		
	중등 수학 1-1	Ⅰ. 집합과 자연수
	고등 수학 1-1	Ⅰ. 수와 연산

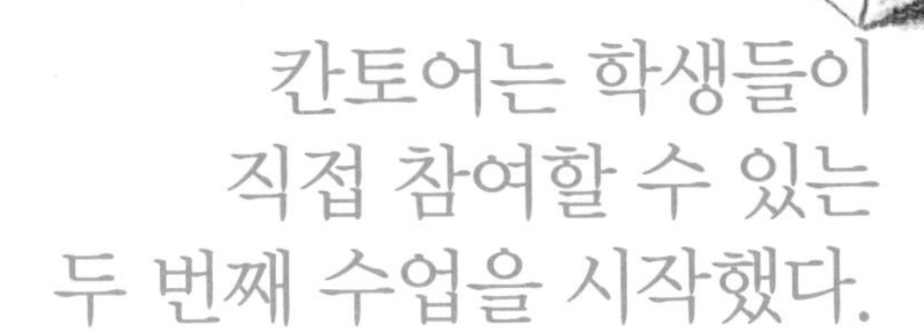

칸토어는 학생들이 직접 참여할 수 있는 두 번째 수업을 시작했다.

칸토어는 원 하나를 그린 뒤, 여학생만 원 안에 들어가라고 했다.

민지, 미나, 하니, 지윤이가 원 안에 들어갔다.

여학생들의 집합을 B라고 합시다. 그럼, 다음과 같이 쓸 수 있습니다.

B = {민지, 미나, 하니, 지윤}

칸토어는 여학생 4명이 들어간 원(B) 안에 작은 원을 하나 그리고, 치마를 입은 여학생만 들어가게 했더니 민지와 미나만 작은 원 안에 들어갔다.

민지와 미나는 치마를 입고, 하니와 지윤이는 바지를 입었군요. 그러므로 치마를 입은 여학생들의 집합을 A라고 하면 다음과 같이 됩니다.

A = {민지, 미나}

집합 A가 집합 B 안에 완전히 포함되어 있군요. 이것을 기호로 다음과 같이 씁니다.

$A \subset B$

이때 집합 A를 집합 B의 부분집합이라고 부릅니다.

칸토어는 민지와 미나에게 동그라미 밖으로 나오게 하고, 키가 2m 이상인 여학생만 원 안에 들어가게 했더니 아무도 작은 원 안에 들어가지 않았다.

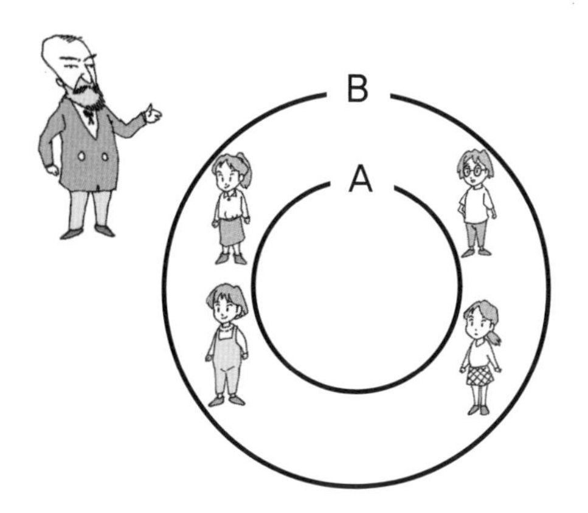

키가 2m 이상인 여학생은 아무도 없군요. 그러니까 작은 동그라미 안에는 아무도 없습니다. 즉, 키가 2m 이상 되는

여학생들의 집합을 A라고 하면 A의 원소는 없습니다. 그러므로 집합 A는 공집합입니다. 그런데 집합 A는 작은 동그라미를 나타내고, 작은 동그라미는 큰 동그라미에 포함되지요? 그러므로 공집합은 집합 B의 부분집합입니다. 이것을 기호로 나타내면 다음과 같습니다.

$\phi \subset B$

즉, 공집합은 모든 집합의 부분집합이 된다는 것을 알 수 있습니다.

칸토어는 작은 원 안에 여학생들을 들어가게 했다. 여학생 4명이 모두 작은 원 안으로 들어갔다.

작은 동그라미는 큰 동그라미에 포함됩니다. 작은 동그라미를 나타내는 집합은 여학생들의 집합이므로 B이고, 큰 동그라미를 나타내는 집합 역시 여학생들의 집합이므로 B입니다. 그러므로 집합 B는 집합 B에 포함됩니다. 이것을 기호로 나타내면 다음과 같습니다.

$B \subset B$

따라서 부분집합에 대해 우리는 다음과 같은 사실을 알 수 있습니다.

공집합은 모든 집합의 부분집합이다.
모든 집합은 자기 자신을 부분집합으로 가진다.

부분집합의 개수

이제 부분집합의 개수에 대해 알아보겠습니다. 다음 페이지에 나오는 집합 A를 보죠.

__ 네, 선생님.

A = { 1 }

집합 A는 원소가 1개이지요? 이 집합의 부분집합은 몇 개일까요? 모든 집합은 공집합과 자기 자신을 항상 부분집합으로 가지므로, 다음과 같은 부분집합이 있습니다.

원소가 0개인 부분집합 : ϕ
원소가 1개인 부분집합 : { 1 }

그러므로 원소가 1개인 집합 A의 부분집합의 개수는 2개입니다.

이번에는 집합 B를 보죠.

B = { 1, 2 }

집합 B는 원소가 2개이지요? 이 집합의 부분집합은 몇 개일까요? 집합 B의 부분집합을 원소의 개수에 따라 모두 써 보면 다음과 같습니다.

원소가 0개인 부분집합 : ϕ

원소가 1개인 부분집합 : {1}, {2}

원소가 2개인 부분집합 : {1, 2}

그러므로 원소가 2개인 집합 B의 부분집합의 개수는 4개입니다.

마지막으로 집합 C를 보도록 하죠.

C = {1, 2, 3}

집합 C는 원소가 3개이지요? 이 집합의 부분집합은 몇 개일까요? 집합 C의 부분집합을 원소의 개수에 따라 모두 써 보면 다음과 같습니다.

원소가 0개인 부분집합 : ϕ

원소가 1개인 부분집합 : {1}, {2}, {3}

원소가 2개인 부분집합 : {1, 2}, {1, 3}, {2, 3}

원소가 3개인 부분집합 : {1, 2, 3}

그러므로 원소가 3개인 집합 C의 부분집합의 개수는 8개입니다.

지금까지의 내용을 정리하면 다음과 같습니다.

원소 개수가 1개인 집합의 부분집합의 개수 : 2

원소 개수가 2개인 집합의 부분집합의 개수 : 4

원소 개수가 3개인 집합의 부분집합의 개수 : 8

뭔가 규칙이 보이는군요. 오른쪽을 거듭제곱으로 바꾸어 쓰면 다음과 같습니다.

원소의 개수가 1개인 집합의 부분집합의 개수 : 2^1

원소의 개수가 2개인 집합의 부분집합의 개수 : 2^2

원소의 개수가 3개인 집합의 부분집합의 개수 : 2^3

그러므로 다음과 같은 사실을 알 수 있습니다.

원소의 개수가 □개인 집합의 부분집합의 개수는 $2^{□}$개이다.

수학자의 비밀노트

진부분집합

집합 A의 부분집합으로서, A와 일치하지 않는 집합을 말한다. 따라서 집합 A={1, 2, 3}의 진부분집합의 개수는 집합 A의 부분집합의 개수 2^3개에서 집합 A를 뺀 2^3-1개가 된다.

만화로 본문 읽기

꼬마야 왜 울고 있나요?
흑흑, 전 공집합이라고 하는데 왜 저만 다른 집합들과 다른지 모르겠어요. 전 아무 데도 속할 수가 없나 봐요….

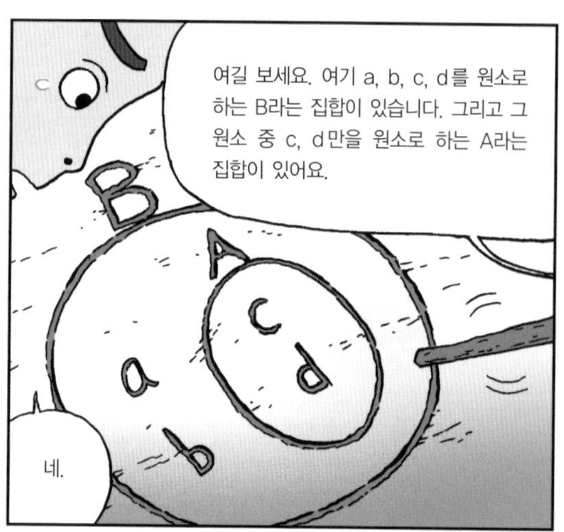
여길 보세요. 여기 a, b, c, d를 원소로 하는 B라는 집합이 있습니다. 그리고 그 원소 중 c, d만을 원소로 하는 A라는 집합이 있어요.
네.
B
A
a
b
c
d

집합 B는 기호로 쓰면 B = {a, b, c, d}가 되고, 집합 A는 A = {c, d}가 되겠죠? 그렇다면 두 집합 A, B의 관계는 어떨까요?
집합 A가 집합 B에 완전히 포함되어 있어요.

그렇죠? 이것을 기호로 쓰면 A⊂B가 됩니다. 이때 집합 A를 집합 B의 부분집합이라고 하죠.
A⊂B
아~,
부분집합이요?

다음과 같은 집합을 살펴볼까요? 작은 동그라미는 큰 동그라미에 포함되죠? 작은 동그라미를 나타내는 집합은 B이고, 큰 동그라미를 나타내는 집합도 B이지요. 그러므로 집합 B는 집합 B에 포함됩니다. 즉, 기호로는 B⊂B가 됩니다.
B
B
a
c
b
d
모든 집합은 자기 자신을 부분집합으로 가지는군요.

자, 이번엔 원소가 없는 공집합을 살펴볼까요? 공집합은 작은 동그라미를 나타내고, 작은 동그라미는 큰 동그라미에 포함되죠? 그러므로 공집합은 집합 B의 부분집합이 됩니다. 기호로는 ϕ⊂B로 나타내고, 공집합은 모든 집합의 부분집합이 되지요.
B
A
a
c
b
d
아, 그럼 저는 모든 집합에 속하는 거군요. 전 혼자가 아니네요.

세 번째 수업 3

교집합과 합집합

두 집합에 공통인 원소들의 집합은 무엇이라고 부를까요?
교집합과 합집합에 대해 알아봅시다.

3

세 번째 수업

교집합과 합집합

교과연계		
	중등 수학 1-1	Ⅰ. 집합과 자연수
	고등 수학 1-1	Ⅰ. 수와 연산

칸토어는 집합에서의 연산을 소개하기 위해 세 번째 수업을 시작했다.

칸토어는 4명의 여학생을 나오라고 했다. 그리고 그들을 로프로 에워쌌다.

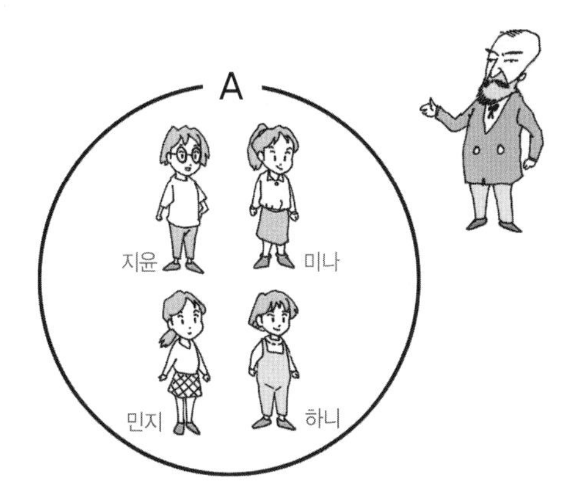

지금 로프 안에 들어 있는 여학생들의 모임을 집합 A라고 합시다. 그러면 다음과 같지요.

A = {민지, 미나, 하니, 지윤}

칸토어는 안경 쓴 사람을 모두 나오게 하고, 새로운 로프로 에워쌌다. 남학생 중에서는 태호와 창식이가 나왔다. 그런데 여학생 중 지윤이는 안경을 쓰고 있어서 새로운 로프 안에도 들어가야 하는 상황이었다. 그래서 지윤이는 2개의 로프에 걸치도록 했다.

집합 B를 안경 쓴 사람들의 집합이라고 합시다. 그럼, 다음과 같죠.

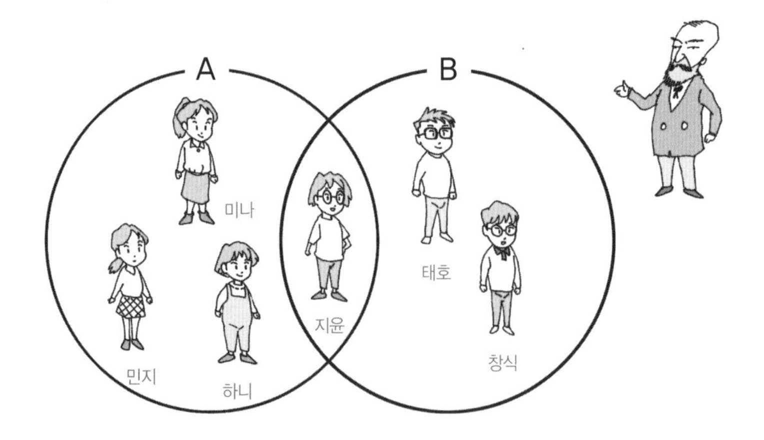

B = {지윤, 태호, 창식}

그림에서 지윤이는 두 로프를 모두 걸치고 있지요? 즉, 지윤이는 집합 A의 원소이면서, 동시에 집합 B의 원소입니다. 이렇게 두 집합에 공통으로 속하는 원소들의 집합을 A와 B의 교집합이라 부르고, A∩B라고 씁니다.

A ∩ B = {지윤}

여기서 A∩B는 안경을 쓴 학생들의 모임이 됩니다. 두 집합의 교집합을 벤 다이어그램으로 나타내면 다음 그림의 색칠한 부분과 같습니다.

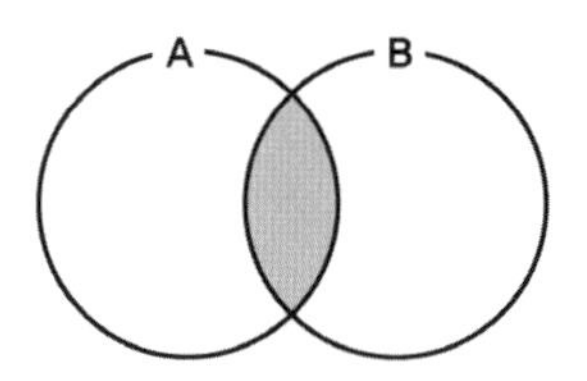

한편 두 로프 중 하나의 로프에라도 들어 있는 사람들의 집합은 다음과 같습니다.

{민지, 미나, 하니, 지윤, 창식, 태호}

이렇게 집합 A에 속하거나 집합 B에 속하는 원소들을 모두 모은 집합을 두 집합의 합집합이라 부르고, A∪B라고 씁니다.

A∪B={민지, 미나, 하니, 지윤, 창식, 태호}

여기서 A∪B는 여학생이거나 안경을 쓴 사람들의 집합입니다. 합집합을 벤 다이어그램으로 나타내면 다음 그림의 색칠한 부분과 같습니다.

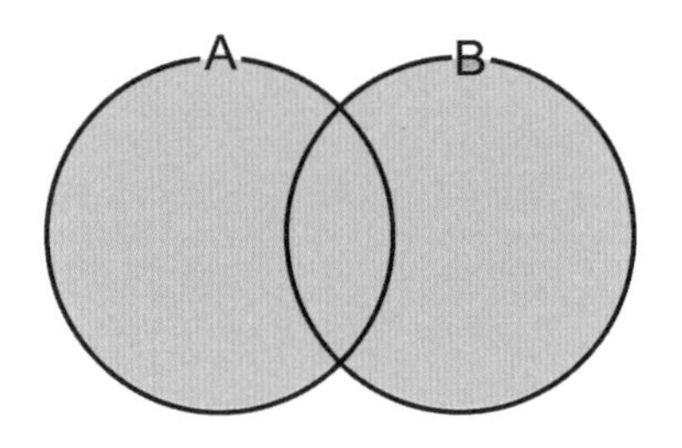

합집합과 교집합 구하기

이번에는 교집합과 합집합을 구하는 방법을 알아보겠습니다. 다음 두 집합을 봅시다.

__ 네, 선생님.

$A = \{1, 2, 3, 4, 5\}$

$B = \{4, 5, 6, 7, 8\}$

먼저 교집합 $A \cap B$를 구해 봅시다. 두 집합에 공통으로 들어 있는 원소는 4와 5입니다. 그러므로 교집합은,

$A \cap B = \{4, 5\}$

가 되지요.

합집합 $A \cup B$를 구할 때는 두 집합에 있는 원소를 모두 쓰면 됩니다. 그러므로 합집합은,

$A \cup B = \{1, 2, 3, 4, 5, 6, 7, 8\}$

이 되지요.

합집합과 교집합의 응용

합집합과 교집합을 이용한 문제를 하나 풀어 보겠습니다.

예를 들어, 미미네 반 학생들이 체육 대회를 하는데 축구 선수로 출전하는 학생이 11명, 달리기 선수로 출전하는 선수가 24명, 두 종목 모두 출전하는 학생이 6명이라고 가정해 봅시다. 모든 학생이 한 종목 이상 출전해야 한다면 미미네 반의 학생 수는 모두 몇 명일까요?

이 문제를 풀려면 다음과 같은 집합을 만들어야 합니다.

A = {x|x는 축구에 출전하는 선수}

B = {x|x는 달리기에 출전하는 선수}

그러므로 축구와 달리기에 모두 출전하는 학생은 집합 A와 집합 B의 교집합의 원소들입니다.

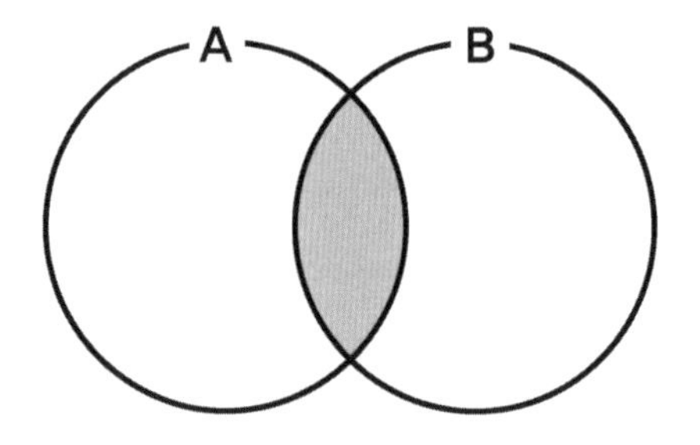

이제부터 벤 다이어그램의 넓이를 그 집합의 원소의 개수라고 하고 해당 부분을 색칠해 봅시다.

집합 A의 원소 개수는 다음 그림과 같지요.

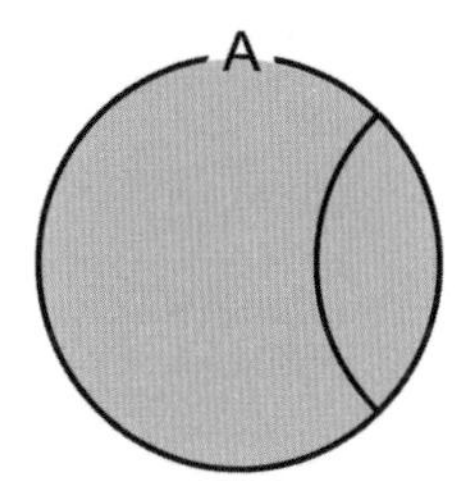

집합 B의 원소 개수는 다음 그림과 같습니다.

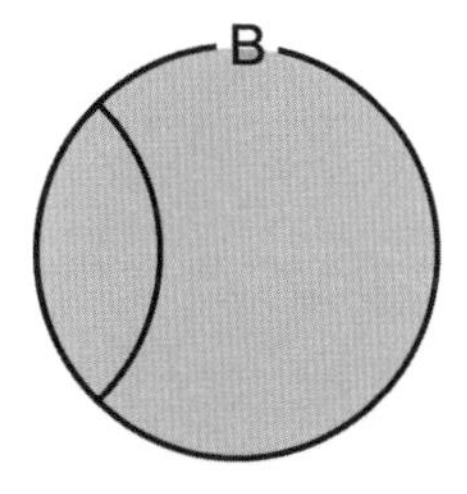

집합 A와 집합 B의 합집합의 원소의 개수가 구하고자 하는 미미네 반 학생 수입니다. 그림으로 나타내면 다음과 같습니다.

$n(A \cup B) = n(A) + n(B) - n(A \cap B)$

따라서 미미네 반 학생 수는 집합 A의 원소 개수와 집합 B의 원소 개수의 합에서 교집합의 원소 개수를 뺀 것과 같습니다.

미미네 반 학생 수 $=11+24-6=29$(명)

그러므로 미미네 반 학생 수는 29명입니다.

수학자의 비밀노트

합집합의 원소의 개수

1. 두 유한집합 A, B의 합집합의 원소의 개수는 다음과 같다.

$$n(A\cup B)=n(A)+n(B)-n(A\cap B)$$

2. 세 유한집합 A, B, C의 합집합의 원소의 개수는 다음과 같다.

$$n(A\cup B\cup C)=n(A)+n(B)+n(C)-n(A\cap B)-n(B\cap C)-n(C\cap A)+n(A\cap B\cap C)$$

만화로 본문 읽기

무슨 일이죠?
지금 팥빵이 먹고 싶다고 손을 든 도깨비가 6명, 크림빵을 먹고 싶다고 손을 든 도깨비가 8명이고, 그중엔 양쪽 모두 손을 든 도깨비가 2명 있거든요.

그러면 빵이 모두 몇 개 있어야 하는지에 대한 문제로 이렇게 다투고 있습니다.
그런 문제라면 제가 해결해 드리죠.

네? 정말입니까?
집합 A
집합 B
팥빵, 크림빵을 먹고 싶어하는 도깨비의 집합을 각각 A, B라고 합시다.

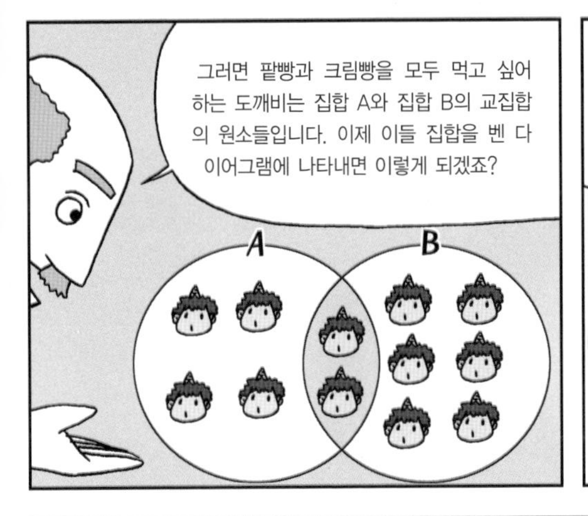

그러면 팥빵과 크림빵을 모두 먹고 싶어하는 도깨비는 집합 A와 집합 B의 교집합의 원소들입니다. 이제 이들 집합을 벤 다이어그램에 나타내면 이렇게 되겠죠?
A
B

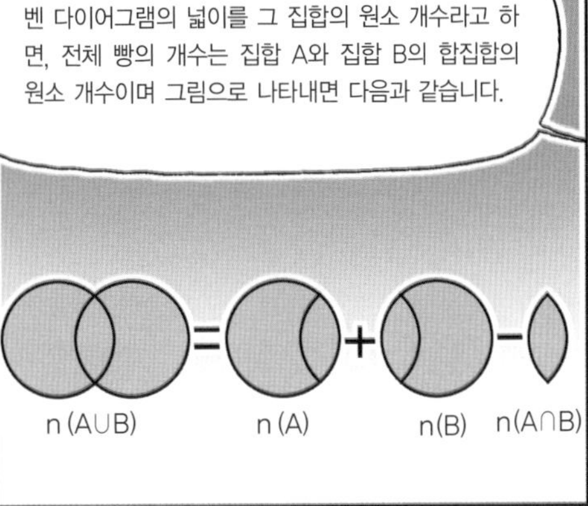

벤 다이어그램의 넓이를 그 집합의 원소 개수라고 하면, 전체 빵의 개수는 집합 A와 집합 B의 합집합의 원소 개수이며 그림으로 나타내면 다음과 같습니다.
n(A∪B) = n(A) + n(B) − n(A∩B)

따라서 전체 빵의 개수는 집합 A의 원소 개수와 집합 B의 원소 개수의 합에서 교집합의 원소 개수를 뺀 것과 같습니다. 즉, 6+8−2=12(개)이므로 필요한 전체 빵의 개수는 12개가 되겠죠?
와, 신기하다! 감사합니다.

네 번째 수업 4

차집합 이야기

한 집합에만 속하는 원소들의 집합은 무엇이라고 부를까요?
차집합에 대해 알아봅시다.

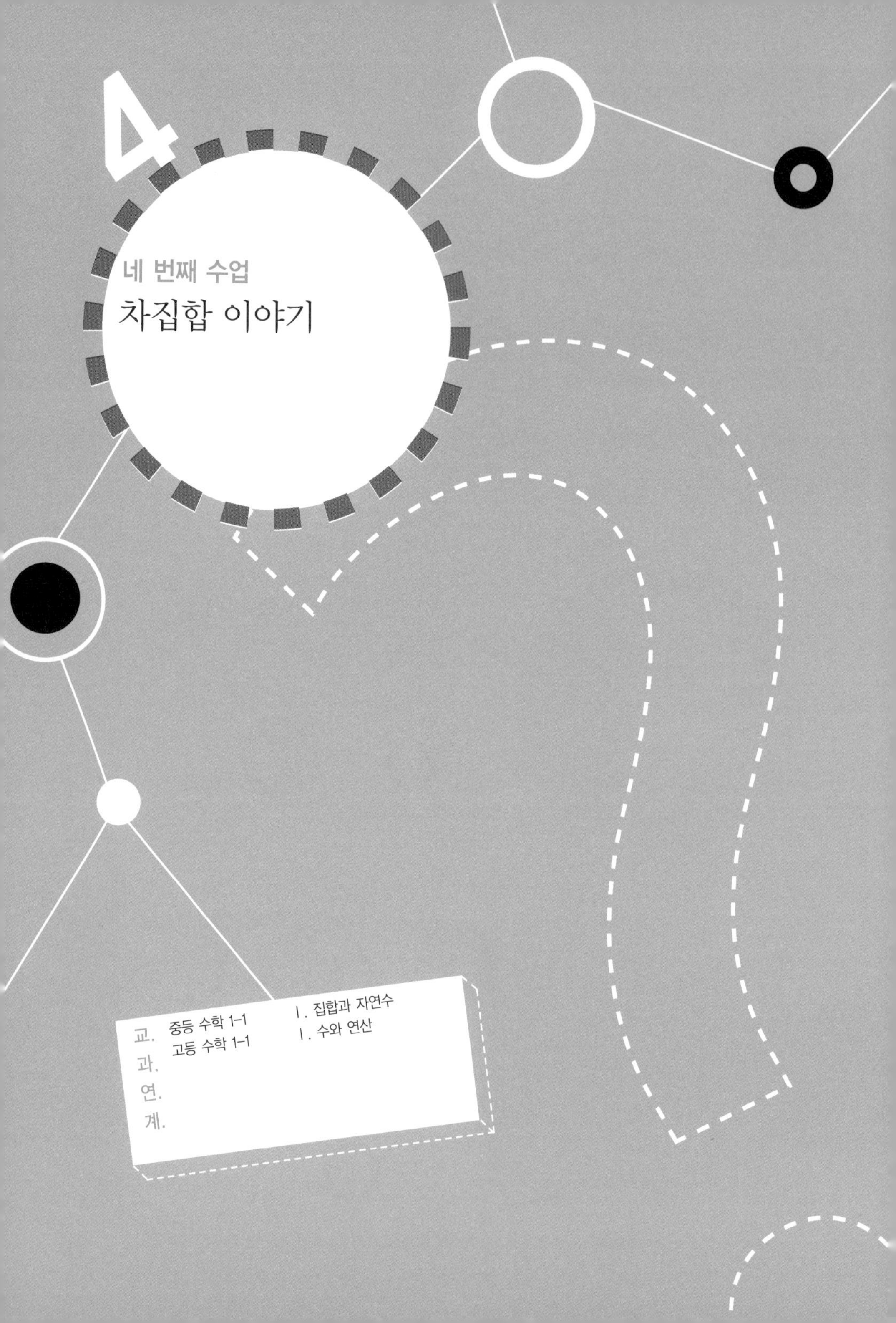

4

네 번째 수업
차집합 이야기

교과연계.

중등 수학 1-1	Ⅰ. 집합과 자연수
고등 수학 1-1	Ⅰ. 수와 연산

칸토어는 수학, 영어를 좋아하는 학생들과 네 번째 수업을 시작했다.

칸토어는 수학을 좋아하는 학생들을 나오게 해서 로프로 에워싸고, 이들의 집합을 A라고 했다.

여학생 4명이 나왔군요. 이들이 바로 집합 A의 원소입니다.

A = {지윤, 미나, 수진, 하니}

칸토어는 영어를 좋아하는 학생들을 나오게 한 뒤 로프로 에워싸고, 이들의 집합을 B라고 했다. 남학생 3명이 나왔다. 그런데 집합 A의 원소인 하니가 영어도 좋아한다고 말했다. 즉, 하니는 집합 A와 집합 B의 교집합의 원소였다.

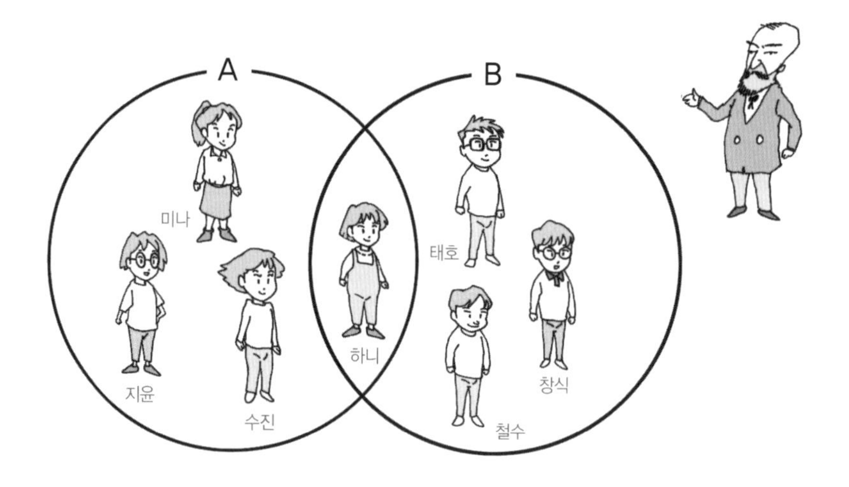

하니도 영어를 좋아하니까 집합 B는 다음과 같습니다.

B = {하니, 창식, 태호, 철수}

이때 집합 A에만 속하는 원소는 뭐죠?

__ 지윤, 미나, 수진입니다.

그렇습니다. 이러한 집합을 A에 대한 B의 차집합이라 하고, A−B라고 씁니다. 즉, 다음과 같습니다.

A−B = {지윤, 미나, 수진}

B에 대한 A의 차집합 A−B를 벤 다이어그램으로 나타내면 다음과 같습니다.

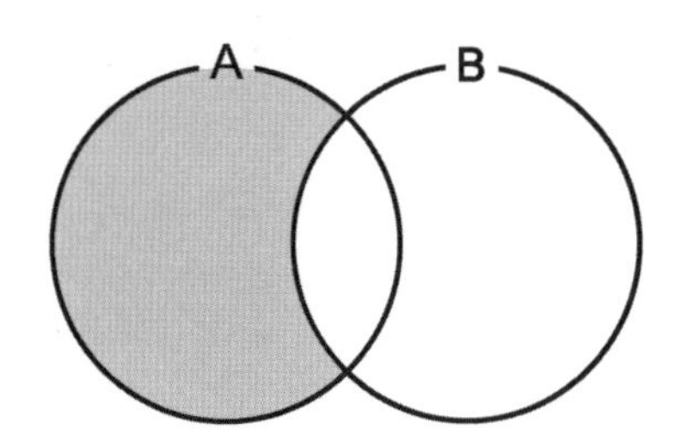

그렇다면 A−B와 B−A는 같을까요? 그렇지 않습니다. B−A는 B에는 속하고 A에는 속하지 않는 원소들로만 이루어진 집합입니다.

그러므로 다음 페이지와 같죠.

B－A＝{창식, 태호, 철수}

집합 B－A를 벤 다이어그램으로 그리면 다음과 같습니다.

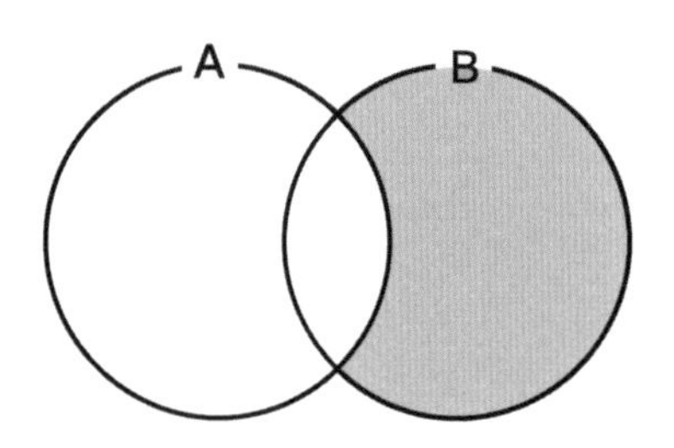

차집합 구하기

이제 차집합을 구하는 방법에 대해 알아보겠습니다. 다음 두 집합을 보죠.

A＝{1, 2, 3, 4, 5}

B＝{4, 5, 6, 7}

A－B를 구해 봅시다. 먼저 A의 원소를 모두 씁니다.

__제가 쓸게요, 선생님

1, 2, 3, 4, 5

그리고 B에 있는 원소를 지웁니다.

1, 2, 3, ~~4~~, ~~5~~

이제 남아 있는 원소가 바로 차집합 A−B의 원소들입니다.

A−B = {1, 2, 3}

그럼, 같은 두 집합의 차집합은 어떻게 될까요? 예를 들어 다음 집합을 봅시다.

A = {1, 2, 3}

이때 A−A를 구해 보죠. 먼저 A의 원소를 모두 쓰면,

1, 2, 3

이 되고, 여기에서 A의 원소를 모두 지우면,

$\not1, \not2, \not3$

이 됩니다.

그럼 남아 있는 원소는 무엇인가요?

__ 없습니다.

맞습니다. A−A의 원소는 없습니다. 즉, A−A는 공집합이지요.

$A - A = \phi$

만화로 본문 읽기

무슨 일이죠?
아, 잘됐네.
우리 얘기를 듣고 누가
맞는지 좀 말해 줘요.

난 1, 2, 3, 4를 원소로 갖는 집합이고, 이 친구는 4, 5, 6, 7을 원소로 갖는 집합으로 차집합을 구하려고 하거든요. 근데 이 친구는 자꾸 나에게서 자신을 뺀 것이 차집합이라고 우기지 뭡니까. 차집합은 저 친구에게서 나를 빼야 하는 것 아닌가요?
무슨 소리야?
네게서 나를
빼야지.

아, 두 분 다 맞긴 한데 일단 차집합에 대해 설명을 드리죠. 집합 A={1, 2, 3, 4}이고, 집합 B={4, 5, 6, 7}이니까 4는 집합 A와 집합 B의 교집합의 원소가 됩니다.

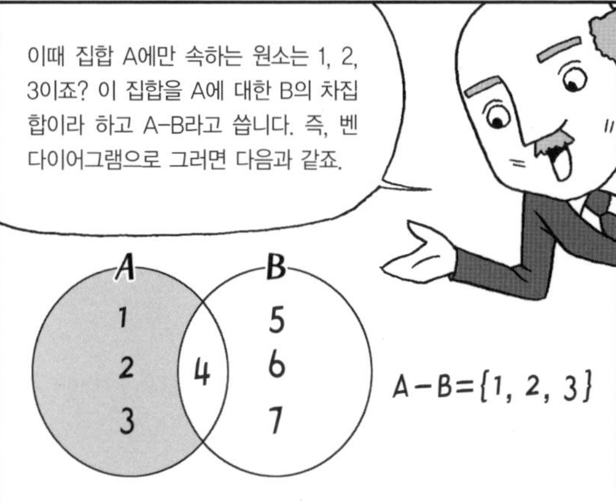

이때 집합 A에만 속하는 원소는 1, 2, 3이죠? 이 집합을 A에 대한 B의 차집합이라 하고 A-B라고 씁니다. 즉, 벤 다이어그램으로 그러면 다음과 같죠.
A
B
1
2
3
4
5
6
7
A-B={1, 2, 3}

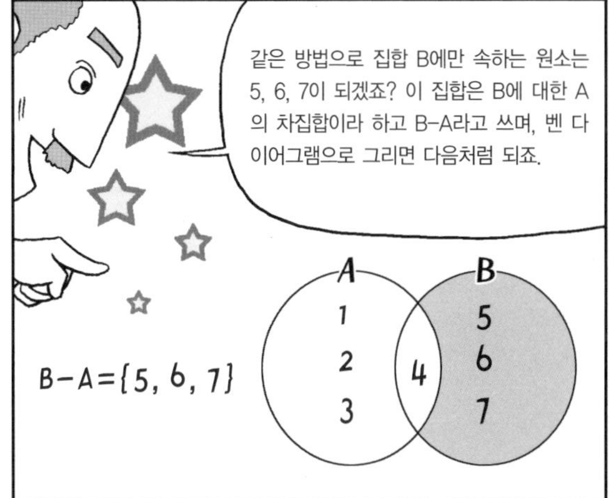

같은 방법으로 집합 B에만 속하는 원소는 5, 6, 7이 되겠죠? 이 집합은 B에 대한 A의 차집합이라 하고 B-A라고 쓰며, 벤 다이어그램으로 그리면 다음처럼 되죠.
A
B
1
2
3
4
5
6
7
B-A={5, 6, 7}

즉, 둘 다 차집합이지만 어떤 집합을 기준으로 빼느냐에 따라 다른 차집합이 되지요.
그렇구나.
기준을 명확히
해야겠군.

다섯 번째 수업

5

전체집합과 여집합

여러 집합을 모두 포함하는 집합을 전체집합이라고 합니다.
전체집합과 여집합에 대해 알아봅시다.

5

다섯 번째 수업

전체집합과 여집합

교.
과.
연.
계.

중등 수학 1-1	Ⅰ. 집합과 자연수
고등 수학 1-1	Ⅰ. 수와 연산

칸토어는 전체와 나머지에 대해 설명하기 위해 다섯 번째 수업을 시작했다.

칸토어는 남학생 3명과 여학생 3명을 불러 사각형 안에 서 있게 했다. 그리고 여학생 3명을 로프로 에워쌌다.

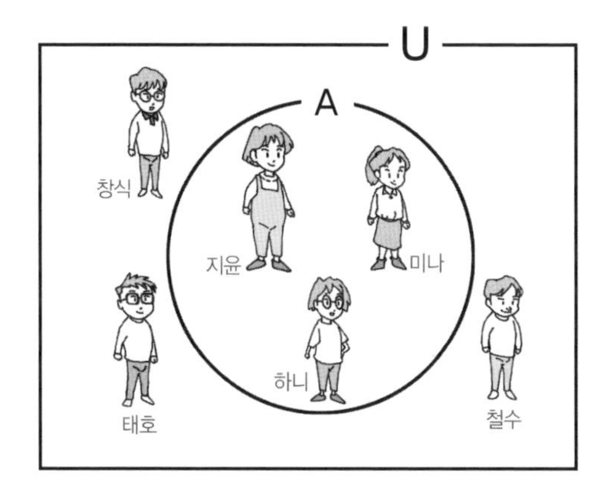

학생 6명을 전체라고 합시다. 이렇게 전체를 나타내는 집합을 전체집합이라고 하고 U라고 쓰지요. 그리고 여학생들의 집합을 A라고 합시다. 그러면 전체집합 U와 집합 A는 다음과 같습니다.

U = {지윤, 미나, 하니, 창식, 태호, 철수}

A = {지윤, 미나, 하니}

여기서 창식, 태호, 철수는 남학생입니다. 이때 전체집합에서 여학생들의 집합인 A를 제외한 나머지를 집합 A의 여집합이라 부르고, A^C이라고 씁니다. 그러므로 다음과 같지요.

A^C = {창식, 태호, 철수}

집합 A의 여집합을 벤 다이어그램으로 나타내면 다음과 같습니다.

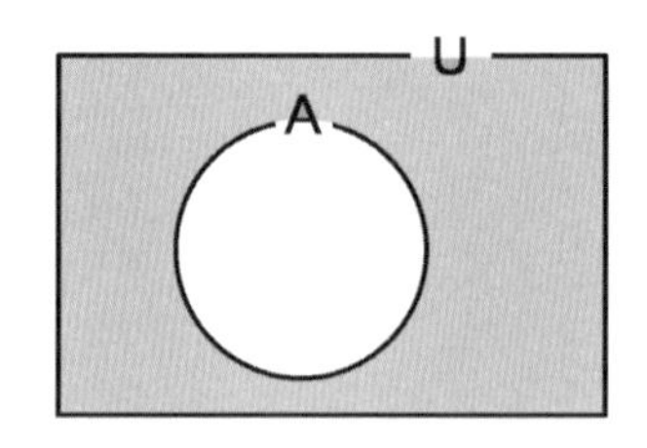

여집합 구하기

여집합을 구하기는 쉽습니다. 예를 들어, 전체집합 U와 집합 A가 다음과 같다고 합시다.

$U = \{1, 2, 3, 4, 5\}$

$A = \{2, 5\}$

A의 여집합을 구할 때는 먼저 전체집합 U의 원소를 모두 씁니다.

1, 2, 3, 4, 5

그리고 A의 원소를 모두 지웁니다.

1, ~~2~~, 3, 4, ~~5~~

이때 남아 있는 원소들이 A의 여집합의 원소들입니다.

$A^C = \{1, 3, 4\}$

여집합의 성질

여집합의 여러 가지 성질에 대해 알아봅시다.

$(A^C)^C = A$: 집합 A의 여집합의 여집합은 집합 A이다.

예를 들어 설명해 보죠. 전체집합을 사람들의 집합이라 하고, A를 여자들의 집합이라고 하죠. 그러면 A의 여집합은 남자들의 집합이고, 그 집합의 여집합은 다시 여자들의 집합입니다. 그러므로 A의 여집합의 여집합은 A가 되지요.

$A \cap A^C = \phi$: 집합 A와 A의 여집합의 교집합은 공집합이다.

집합 A가 여자들의 집합이면, A의 여집합은 남자들의 집합입니다. 남자이면서 동시에 여자인 사람은 없으므로, A와 A의 여집합의 교집합 원소는 없지요.

$A \cup A^C = U$: 집합 A와 A의 여집합의 합집합은 전체집합이다.

집합 A가 여자들의 집합이면, A의 여집합은 남자들의 집합입니다. 남자들의 집합과 여자들의 집합의 합집합은 사람들의 집합이므로 전체집합이 되지요.

여집합의 응용

여집합을 이용한 문제를 풀어 봅시다. 다음 문제를 보죠.

어떤 도서관에는 모든 책의 40%가 외국 책이고, 모든 책의 30%는 권당 1만 원 이상이다. 1만 원 이상인 책의 60%가 외국 책이라면, 1만 원 미만인 국내 책은 전체의 몇 %인가?

도서관의 책은 외국 책과 국내 책 또는 1만 원 이상과 1만 원 미만으로 나눌 수 있습니다.

외국 책의 집합을 A라고 합시다. 외국 책이 아니면 국내 책이므로, 국내 책의 집합은 A의 여집합이 됩니다. 마찬가지로 1만 원 이상인 책의 집합을 B라고 하면, 1만 원 미만인 책의 집합은 B의 여집합입니다. 즉, 다음과 같지요.

외국 책의 집합 = A

국내 책의 집합 = A^C

1만 원 이상인 책의 집합 = B

1만 원 미만인 책의 집합 = B^C

따라서 다음과 같이 벤 다이어그램을 그리고, 각 구역을 나타내는 집합의 원소의 개수를 x, y, z, w라고 합시다.

__ 네, 선생님.

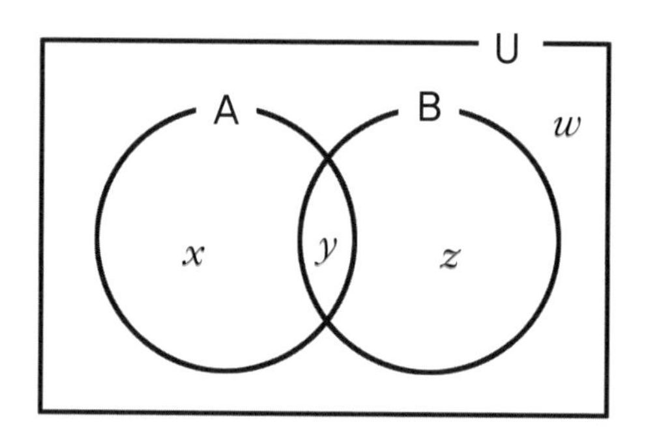

몇 %인지를 묻는 문제이므로 전체 책을 100권이라고 합시다. 그중에서 외국 책은 40권이니까,

$x + y = 40$ …… (1)

입니다. 또한 1만 원 이상인 책은 30권이므로,

$$y + z = 30 \cdots\cdots (2)$$

이 되지요. 1만 원 이상인 책의 60%가 외국 책이므로 A와 집합 B의 교집합 부분인 y가 30권의 60%가 됩니다. 따라서,

$$y = 30 \times 0.6 = 18 \cdots\cdots (3)$$

이 되지요.

이제 (3)을 (1)과 (2)에 대입하면, $x = 22$, $z = 12$가 됩니다. 따라서 국내 책이고, 1만 원 미만인 책의 수는 w가 되므로,

$$w = 100 - (x + y + z) = 100 - 52 = 48$$

이 됩니다.

그러므로 문제에서 국내 책이면서 1만 원 미만인 책의 비율은 전체의 48%가 됩니다.

만화로 본문 읽기

엄마, 왜 난 이름이 없어? 형처럼 이름을 갖고 싶단 말야.
전체 집합
미안하구나. 네 이름을 미처 짓지 못해서….
후후, 너도 형처럼 크면 이름을 갖게 될 거야.
A

왜 동생에게는 이름이 없나요?
전 a, b, c, d, e, f, g를 원소로 갖는 집합인데요. 이 원소 중에 a, b, c, d를 원소로 갖는 큰 아들에겐 집합 A라는 이름을 지어 줬지만 나머지를 원소로 갖는 작은 아들은 미처 이름을 못 지어 줬답니다.
이름이 없다니요? 여집합이잖아요. 원소 a, b, c, d, e, f, g를 전체라고 하면 이 원소를 모두 갖는 집합을 전체집합이라 하고, U라고 쓰지요.
아, 그럼 제가 U가 되는 거군요.
U={a, b, c, d, e, f, g}

그리고 이 중에 a, b, c, d를 원소로 갖는 집합을 A라고 하면, 전체집합에서 집합 A의 원소를 제외한 나머지를 원소로 갖는 집합을 집합 A의 여집합이라 부르고 A^c라고 씁니다.
A={a, b, c, d}
A^c={e, f, g}
앗, 그럼 저는 A의 여집합이네요. 나한테도 멋진 이름과 기호가 있었어요.
그렇게 좋아요?

A, A^c, U라….
완벽한 가족이군요.
그럼, 안녕히 계세요.
고맙습니다.
전체 집합
A

여섯 번째 수업

6

드모르간의 법칙

교집합을 합집합으로 바꿀 수 있을까요?
드모르간의 법칙에 대해 알아봅시다.

6

여섯 번째 수업

드모르간의 법칙

교.과.연.계.		
	중등 수학 1-1	Ⅰ. 집합과 자연수
	고등 수학 1-1	Ⅰ. 수와 연산

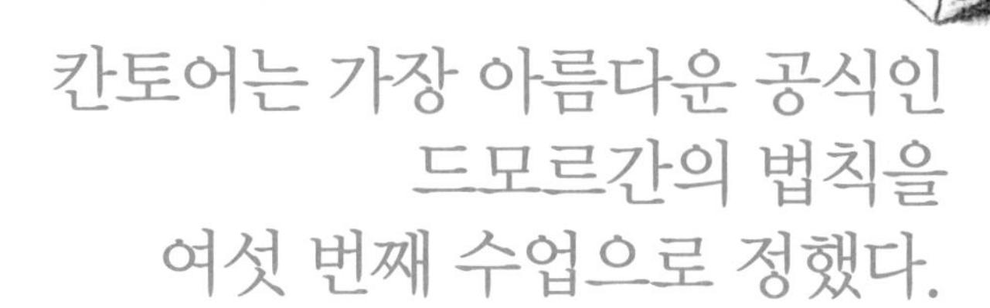

칸토어는 가장 아름다운 공식인 드모르간의 법칙을 여섯 번째 수업으로 정했다.

오늘은 집합에서 가장 아름다운 공식인 드모르간의 법칙에 대해 알아보겠습니다. 드모르간의 법칙은 다음과 같습니다.

[드모르간의 법칙]

두 집합 A, B에 대해 다음 식이 성립한다.

$(A \cup B)^c = A^c \cap B^c$

$(A \cap B)^c = A^c \cup B^c$

이것은 벤 다이어그램을 이용하여 간단하게 확인할 수 있습

니다.

먼저 $A \cup B$를 그리면 다음과 같습니다.

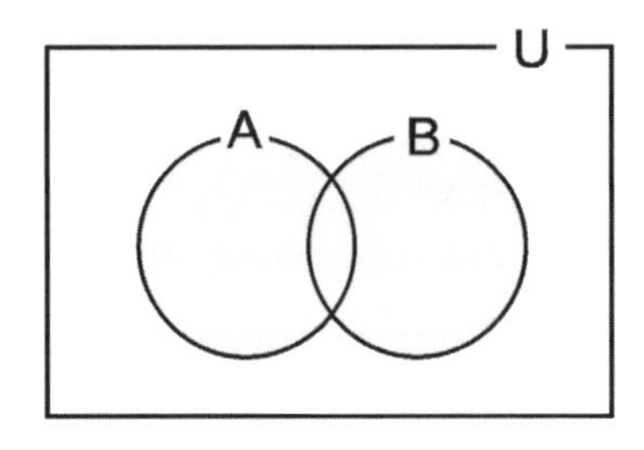

그러므로 $(A \cup B)^c$을 그리면 다음과 같죠.

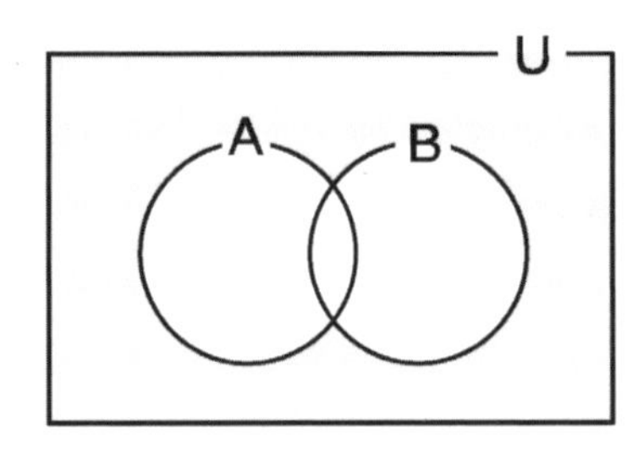

같은 방법으로 $A^c \cap B^c$을 그리면 다음과 같죠.

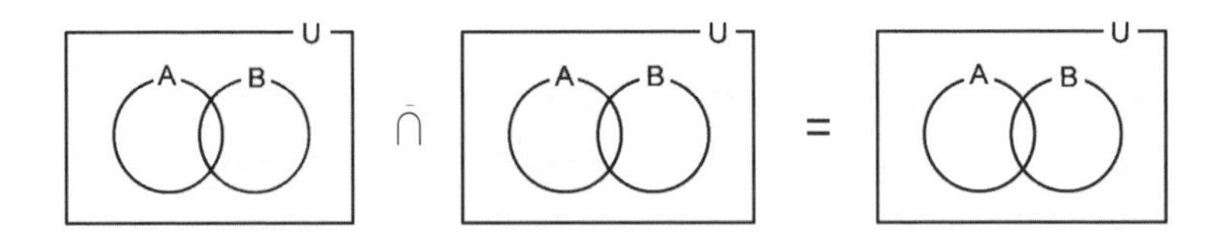

그러므로 $(A \cup B)^c$과 $A^c \cap B^c$이 같은 집합을 나타낸다는 것을 알 수 있습니다.

드모르간의 법칙의 응용

드모르간의 법칙을 사용하는 문제를 하나 다루어 봅시다. 다음 문제를 보죠.

__네, 선생님.

진우네 반 학생은 80명이다. 그중 수학을 좋아하는 학생은 40명, 영어를 좋아하는 학생은 30명, 영어와 수학을 모두 좋아하는 학생은 10명이다. 이때 영어, 수학 중 적어도 한 과목을 좋아하는 학생 수는 몇 명인가?

전체집합을 U라고 하면,

U = {x|x는 진우네 반 학생}

이 되고 A, B를 각각 수학, 영어를 좋아하는 학생들의 집합이라고 하면,

A = {x|x는 수학을 좋아하는 학생}

B = {x|x는 영어를 좋아하는 학생}

이 됩니다.

주어진 조건으로부터 각 집합의 원소의 개수는 다음과 같습니다.

$n(\mathrm{U}) = 80$

$n(\mathrm{A}) = 40$

$n(\mathrm{B}) = 30$

이때 수학과 영어를 모두 좋아하는 학생의 집합은 A와 B의 교집합이므로,

$n(\mathrm{A} \cap \mathrm{B}) = 10$

이 됩니다.

이제 수학, 영어 중 적어도 한 과목을 좋아하는 학생의 집합을 D라고 하면 D는 수학, 영어를 둘 다 싫어하는 학생을 제외한 나머지 학생들이 됩니다.

이때, A^{C}는 수학을 싫어하는 학생들의 집합을, B^{C}는 영어를 싫어하는 학생들의 집합을 나타냅니다. 그러므로 수학, 영어를 둘 다 싫어하는 학생들의 집합은 이 두 집합의 교집합이

됩니다. 그러므로 집합 D는 다음과 같지요.

$D = (A^C \cap B^C)^C$

드모르간의 법칙에 의해

$A^C \cap B^C = (A \cup B)^C$

이고, 여집합의 여집합은 원래의 집합이므로

$D = A \cup B$

가 됩니다. 따라서,

$$\begin{aligned} n(D) &= n(A \cup B) \\ &= n(A) + n(B) - n(A \cap B) \\ &= 40 + 30 - 10 \\ &= 60 \end{aligned}$$

이 되어 수학, 영어 중 적어도 한 과목을 좋아하는 학생 수는

60명이 됩니다.

배수의 개수

드모르간의 법칙은 배수의 개수를 셀 때 적용할 수도 있습니다. 다음 문제를 봅시다.

1부터 10까지의 자연수 가운데 2의 배수도 아니고, 3의 배수도 아닌 수는 모두 몇 개인가요?

먼저 1부터 10까지의 수를 모두 씁니다.

1, 2, 3, 4, 5, 6, 7, 8, 9, 10

2의 배수를 모두 지워 봅시다.

1, ~~2~~, 3, ~~4~~, 5, ~~6~~, 7, ~~8~~, 9, ~~10~~

이번에는 3의 배수를 모두 지워 봅시다.

1, 2, 3, 4, 5, 6, 7, 8, 9, 10

이때 지워지지 않은 수들은 2의 배수도 아니고, 3의 배수도 아닌 수들입니다. 이것을 드모르간의 법칙으로 설명하겠습니다.

우선 전체집합 U는

$U = \{1, 2, 3, 4, 5, 6, 7, 8, 9, 10\}$

이 되고, 2의 배수의 집합을 A라고 하면

$A = \{2, 4, 6, 8, 10\}$

이 되며, 3의 배수의 집합을 B라고 하면

$B = \{3, 6, 9\}$

가 됩니다.

이제 두 집합의 여집합을 보죠. A^C은 2의 배수가 아닌 수의 집합을, B^C은 3의 배수가 아닌 수의 집합을 나타내므로

$A^C = \{1, 3, 5, 7, 9\}$

$B^C = \{1, 2, 4, 5, 7, 8, 10\}$

이 됩니다.

따라서 2의 배수도 아니고 3의 배수도 아닌 수들의 집합은, 이 두 집합의 교집합인 $A^C \cap B^C$가 됩니다. 즉, 다음과 같지요.

$A^C \cap B^C = \{1, 5, 7\}$

이것은 드모르간의 법칙에 의해 $(A \cup B)^C$과 같습니다. 확인해 보면

$A \cup B = \{2, 3, 4, 6, 8, 9, 10\}$

이므로,

$(A \cup B)^C = \{1, 5, 7\}$

이 됩니다. 그러므로 $(A \cup B)^C$의 원소의 개수는 전체집합 U의

원소의 개수에서 $A \cup B$의 원소의 개수를 뺀 값이 됩니다.

이것을 이용하여 1부터 100까지의 수 중에서 2의 배수도 아니고 3의 배수도 아닌 수의 개수를 구해 보겠습니다.

전체집합의 개수는

$$n(U) = 100$$

입니다. 또한 $100 \div 2 = 50$이므로 1부터 100까지의 수 중 2의 배수는 50개입니다.

$$n(A) = 50$$

마찬가지로 100을 3으로 나눈 몫은 33이므로, 1부터 100까지의 수 중 3의 배수는 33개이지요.

$$n(B) = 33$$

이제 $A \cup B$의 원소의 개수를 알기 위해서는 $A \cap B$의 원소의 개수를 알아야 합니다. $A \cap B$는 2의 배수이면서 동시에 3의 배수인 원소들의 집합입니다. 이러한 수들은 모두 6의 배

수이지요.

100을 6으로 나눈 몫이 16이므로

$$n(A \cap B) = 16$$

입니다. 따라서

$$\begin{aligned} n(A \cup B) &= n(A) + n(B) - n(A \cap B) \\ &= 50 + 33 - 16 \\ &= 67 \end{aligned}$$

이 되지요. 그러므로 $(A \cup B)^c$의 원소의 개수는 $100 - 67 = 33$이 되어, 1부터 100까지의 수 중에서 2의 배수도 3의 배수도 아닌 수는 모두 33개입니다.

만화로 본문 읽기

만약 내가 내는 문제를 풀면 이 도깨비방망이를 선물로 주고, 못 풀면 나한테 잡혀가는 거다.

좋아요. 너무 어려운 문제만 아니면 풀 수 있어요.

도깨비 80명 중 금을 좋아하는 도깨비 40명, 은을 좋아하는 도깨비 30명, 둘 다 좋아하는 도깨비 10명이 있지. 이때 금과 은 중 적어도 하나를 좋아하는 도깨비는 몇 명일까?

나는 금이 좋아…

나는 은이 좋아…

나는 둘 다…

흠, 먼저 집합으로 나타내 볼까요?

도깨비 전체를 집합 U라 하고 A, B를 각각 금, 은을 좋아하는 도깨비의 집합이라고 할게요. 그럼 n(U)=80, n(A)=40, n(B)=30이 되지요.

이때 금과 은을 모두 좋아하는 도깨비의 집합은 A와 B의 교집합이므로, n(A∩B) = 10이네요.

이제 금과 은 중 적어도 1가지를 좋아하는 도깨비의 집합을 D라 하면, D는 전체에서 둘 다 싫어하는 도깨비 수를 빼면 되겠죠.

이때, A^c은 금을 싫어하는 도깨비, B^c은 은을 싫어하는 도깨비의 집합을 나타내요. 그래서 금과 은을 모두 싫어하는 도깨비의 집합은 이 두 집합의 교집합이 되지요.

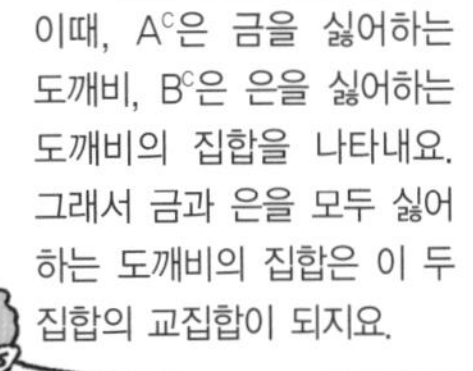

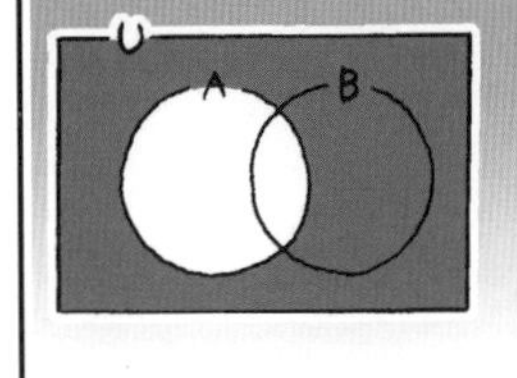

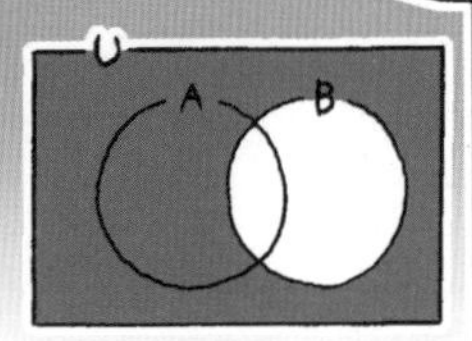

따라서 $D=(A^c\cap B^c)^c$인데 드모르간의 법칙에 의해 $A^c\cap B^c=(A\cup B)^c$이고, 여집합의 여집합은 원래의 집합이니까 $D=A\cup B$가 되네요.

따라서 금과 은 중 적어도 하나를 좋아하는 도깨비는 60명이 되는군요.

이런, 문제를 맞히다니….
아까워라, 내 도깨비방망이~.

일곱 번째 수업

7

명제 이야기

모든 문장의 참과 거짓을 구분할 수 있을까요?
명제에 대해 알아봅시다.

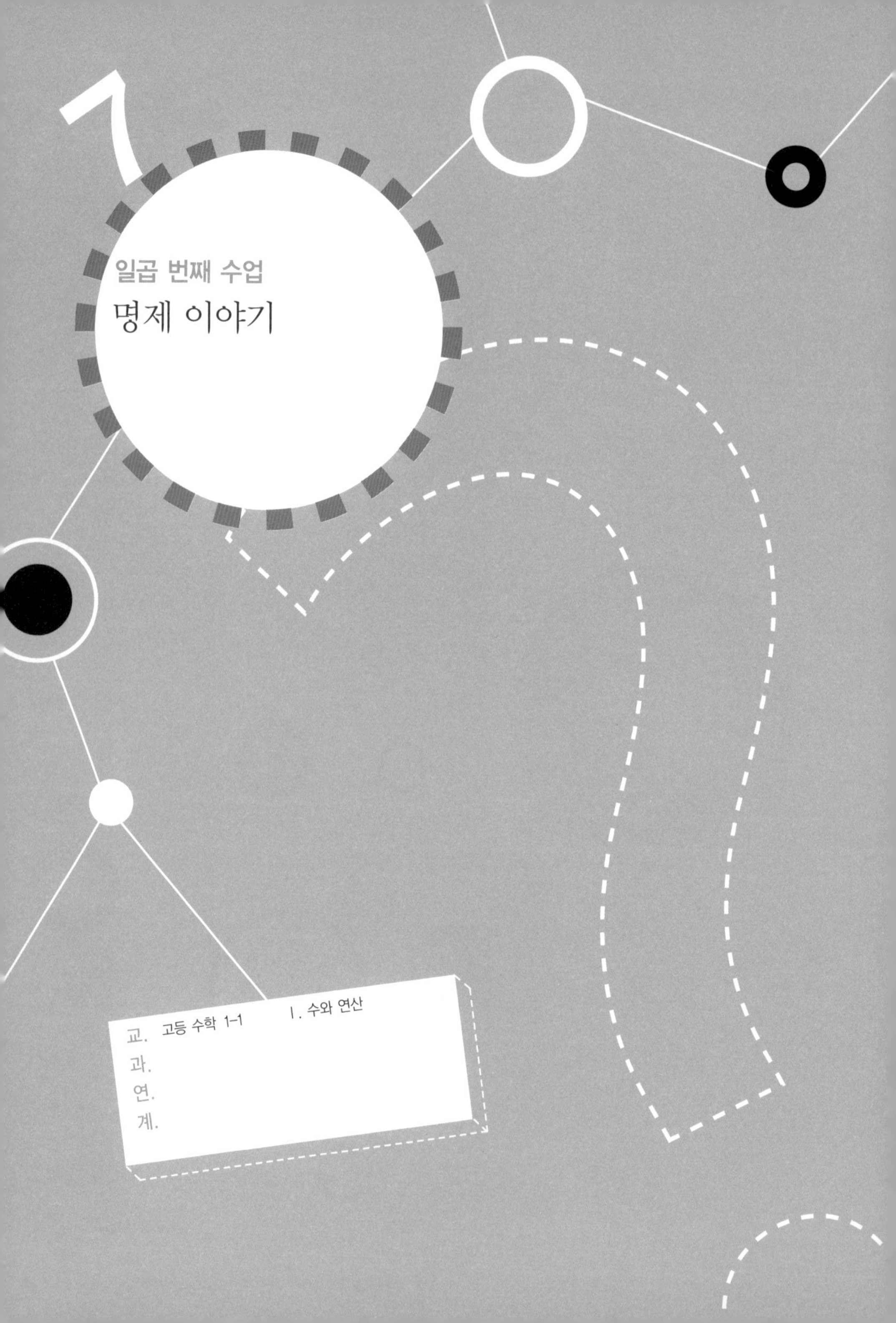
7
일곱 번째 수업
명제 이야기
교.
과.
연.
계.
고등 수학 1-1
Ⅰ. 수와 연산

칸토어는 문장의 참, 거짓을 구별해 보자며 일곱 번째 수업을 시작했다.

명제란 참과 거짓을 구별할 수 있는 문장을 말합니다. 예를 들어 다음 문장을 봅시다.

'10,000원은 큰돈이다'

이 문장은 참일까요, 거짓일까요? 어린아이에게 1만 원은 큰돈입니다. 하지만 아주 돈이 많은 사람에게 1만 원은 큰돈으로 생각되지 않을 수도 있습니다. 그러므로 이 문장은 참인지 거짓인지를 구별할 수 없습니다. 따라서 이 문장은 명제가 아닙니다.

__아, 그렇군요.

이번에는 명제가 되는 문장을 봅시다.

'2는 1보다 크다'

이 문장은 누구에게 물어도 참입니다. 그러므로 참과 거짓을 구별할 수 있지요. 그러므로 이 문장은 명제입니다.

이번에는 거짓이 되는 문장을 봅시다.

'1+1은 1이다'

이 문장은 거짓입니다. 참과 거짓을 구별할 수 있으므로 이 문장 역시 명제이지요. 이렇게 명제에는 참인 명제와 거짓인 명제, 2종류가 있습니다.

명제의 부정

조금 전에 이야기한 명제를 다시 봅시다.

'2는 1보다 크다'

이 명제의 부정은 문장에서 '크다'를 '크지 않다'로 바꾸면 됩니다. 그러므로 이 명제의 부정은 다음과 같습니다.

'2는 1보다 크지 않다'

이 문장은 거짓입니다. 그러니까 이 문장도 참, 거짓을 구별할 수 있군요. 이렇게 명제의 부정은 다시 명제가 됩니다.

참인 명제의 부정은 거짓 명제가 되지요.

이번에는 거짓 명제의 부정을 만들어 봅시다. 다음 명제를 봅시다

'1+1은 1이다'

이 명제의 부정은 다음과 같습니다.

'1+1은 1이 아니다'

1+1=2이므로 1이 아니죠? 그러므로 이 문장은 참입니다. 즉, 거짓 명제의 부정은 참인 명제가 됩니다.

부정의 부정

명제의 부정의 부정은 어떻게 될까요? 다음 명제를 봅시다.

'여학생은 여자이다'

이 명제는 참입니다. 이 명제의 부정은 다음과 같지요.

'여학생은 여자가 아니다'

이 명제는 거짓이죠? 이 명제의 부정은 다음과 같지요.

'여학생은 여자가 아니지 않다'

'아니지 않다'라는 것은 '그렇다'라는 뜻입니다. 그러므로 이 문장은, '여학생은 여자이다'와 같습니다. 그러므로 어떤

명제의 부정의 부정은 원래의 명제와 같습니다.

조건이 있는 명제

다음 명제를 봅시다.

'어떤 수가 4의 배수이면, 그 수는 2의 배수이다'

이 명제는 참일까요? 거짓일까요?

4의 배수는 4, 8, 12, 16, …이고, 2의 배수는 2, 4, 6, 8, 10, 12, 14, 16, …입니다.

4의 배수의 집합은 2의 배수의 집합에 포함되는군요. 이것을 벤 다이어그램으로 그리면 오른쪽 페이지의 그림과 같습니다. 그러므로 어떤 수가 4의 배수이면, 그 수는 2의 배수가 됩니다. 따라서 이 명제는 참입니다.

이 명제에서 '어떤 수가 4의 배수이면'을 조건이라 하고, '그 수는 2의 배수이다'를 결론이라고 부릅니다.

그러면 결론을 부정하여 조건으로 하고, 조건을 부정하여 결론으로 만들어 봅시다. 이 명제를 대우 명제라고 하며 다음과 같이 됩니다.

'어떤 수가 2의 배수가 아니면, 그 수는 4의 배수가 아니다'

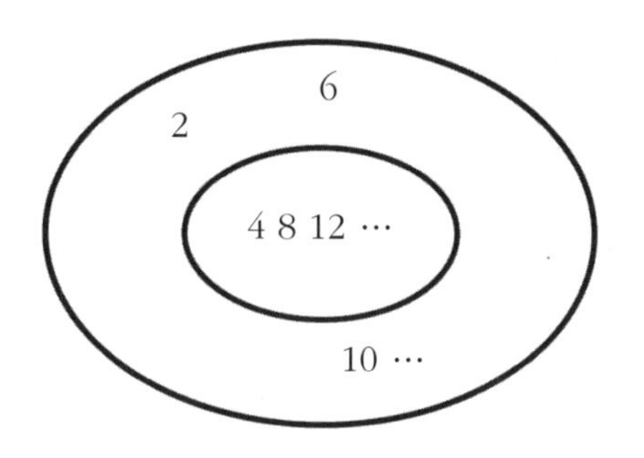

이 명제는 참일까요? 거짓일까요?

2의 배수가 아닌 수들은 1, 3, 5, 7, …이고, 4의 배수가 아닌 수들은 1, 2, 3, 5, 6, 7, 9, 10, 11, 13, …입니다. 그러므로 2의 배수가 아닌 수들은 모두 4의 배수가 아닌 수들이 됩니다. 그러므로 이 명제 역시 참입니다. 즉, 주어진 명제가 참이면 대우 명제도 참이고, 주어진 명제가 거짓이면 대우 명제도 거짓이 되지요.

카드 확인

칸토어는 다음과 같이 4장의 카드를 학생들 앞에 놓았다.

4	9	P	A

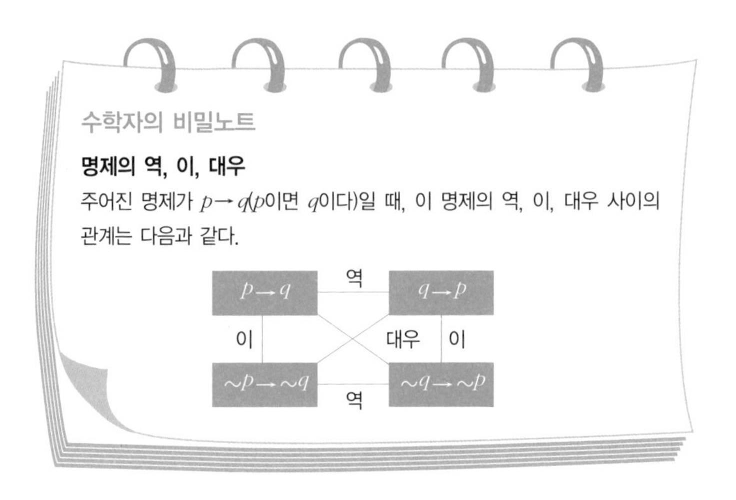

수학자의 비밀노트

명제의 역, 이, 대우

주어진 명제가 $p \rightarrow q$(p이면 q이다)일 때, 이 명제의 역, 이, 대우 사이의 관계는 다음과 같다.

카드의 한쪽 면에는 숫자, 다른 쪽 면에는 알파벳이 써 있습니다. 그런데 카드의 한쪽 면에 홀수가 쓰여 있으면, 다른 쪽 면에는 반드시 자음이 쓰여 있어야 한다고 합시다. 그럼, 어떤 카드들을 뒤집어 볼까요?

__9가 쓰여 있는 카드입니다.

그래요. 9는 홀수이므로 뒤집어서 자음이 쓰여 있는지 확인해야 합니다. 하지만 A라고 쓴 카드도 확인해야 합니다.

학생들은 놀란 표정을 지었다. A의 뒷면이 홀수가 아니었기 때문이다.

우리는 주어진 명제와 대우 명제의 참, 거짓이 일치한다고

2

배웠습니다. 주어진 명제를 다시 쓰면 다음과 같지요.

'카드의 한쪽 면에 홀수가 쓰여 있으면, 다른 쪽 면에는 자음이 쓰여 있어야 한다'

이 명제의 대우 명제는 다음과 같습니다.

'카드의 한쪽 면에 모음이 쓰여 있으면, 다른 쪽 면에는 짝수가 쓰여 있어야 한다'

그러므로 모음이 쓰여 있는 카드도 뒤집어 짝수인지를 확인해 보아야 합니다.

이렇게 대우 명제를 이용하여 문제를 쉽게 해결할 수도 있습니다.

만화로 본문 읽기

'나는 잘 생겼다' 이것은 참이게, 거짓이게?
헉, 잘 모르겠는데….

그 문장은 명제가 아닙니다.
명제요? 명제가 뭔데요?

명제란, 참과 거짓을 구별할 수 있는 문장을 말합니다. 그런데 잘 생겼다는 기준이 사람에 따라 달라질 수 있기 때문에 명제가 될 수 없는 것이지요.
그렇군요. 그럼 예를 들어 '5는 3보다 크다'라는 문장은 명제가 될 수 있겠네요?
누가 더 잘생겼을까?
네. 그 문장은 참과 거짓을 구별할 수 있기 때문에 명제라고 할 수 있지요. 예를 들어 '2+2는 3이다'라는 문장은 거짓으로, 참과 거짓을 구별할 수 있어서 역시 명제라고 할 수 있지요.

명제
참인 명제
거짓인 명제

'5는 3보다 크다'라는 문장을 '5는 3보다 크지 않다'라는 문장으로 바꾸면 어떻게 되나요?
'크다'를 '크지 않다'로 바꾸는 것을 명제의 '부정'이라고 합니다. 그런데 그 문장은 거짓이지요? 그래서 이 문장도 참, 거짓을 구별할 수 있는 명제입니다.

또한 참인 명제의 부정은 거짓인 명제가 되고, 거짓인 명제의 부정은 참인 명제가 됩니다.
신기해요.
명제 :
1+1은 1이다 → 거짓
명제의 부정 :
1+1은 1이 아니다 → 참

여덟 번째 수업

8

논리 이야기

수학은 논리적인 학문입니다.
논리적으로 문제를 해결해 봅시다.

8

여덟 번째 수업

논리 이야기

교. 고등 수학 1-1 Ⅰ. 수와 연산
과.
연.
계.

칸토어가 수학은 논리적인 학문이라며 여덟 번째 수업을 시작했다.

수학은 논리적인 학문이기 때문에 이번 수업 내용은 수학 실력을 높이는 데 도움이 되지요.

예를 들어, 어느 법정에서 판사가 4명의 피고를 심문하여 다음과 같은 사실을 알아냈다고 합시다.

A가 범인이면 B도 범인이다.

B가 범인이면 C도 범인이거나 A가 무죄이다.

D가 무죄이면 A가 범인이고 C는 무죄이다.

D가 범인이면 A도 범인이다.

그렇다면 누가 범인일까요?

먼저 다음과 같은 기호를 사용하겠습니다.

A : A가 범인이다.

~A : A가 범인이 아니다.

그러므로 첫 번째 문장은 다음과 같이 쓸 수 있습니다.

A → B

여기서 '→'는 '~이면'을 뜻합니다.

따라서 주어진 네 문장은 다음과 같이 되지요.

A → B

B → C 또는 ~A

~D → A이고 ~C

D → A

여기서 다음의 색칠한 부분을 자세히 봅시다.

A → B

B → C 또는 ~A

~D → A 이고 ~C

D → A

D가 범인이든 아니든, A가 범인이지요? 그러므로 A는 무조건 범인입니다. 이제 A는 범인이므로, 두 번째 문장에서 ~A는 지워도 됩니다.

~D → ~C 의 대우는 C → D이니까, 세 번째 문장은 C→D가 됩니다. 그러므로 위의 네 문장은 다음과 같이 되지요.

A → B

B → C

C → D

D → A

즉, A가 범인이면 B가 범인이고, B가 범인이면 C가 범인입니다. 그리고 C가 범인이면 D가 범인이고, D가 범인이면 A가 범인이 되지요. 그런데 A는 범인이므로 결국 B, C, D도 범인이 되지요. 즉 A, B, C, D가 모두 범인입니다.

진실 섬과 거짓 섬

이번에는 모순을 이용하는 경우를 살펴봅시다. 예를 들어, 두 섬 P, Q가 있는데 P섬에 사는 사람은 오직 진실만 말하고, Q섬에 사는 사람들은 오직 거짓만을 말한다고 합시다.

이 두 섬에서 A, B, C 세 사람이 왔는데 A, B 두 사람이 다음과 같이 말했습니다.

A : 우리 모두 Q섬에서 왔어요.

B : 우리 중 오직 한 사람만 P섬에서 왔어요.

그렇다면 A, B, C는 각각 어느 섬에서 왔을까요?

이 문제는 A가 P섬에서 왔을 때와 Q섬에서 왔을 때로 나누어 논리적으로 모순이 생기는지 여부를 따지면 됩니다. 모순이란 앞뒤가 맞지 않는 경우를 가리키지요.

먼저 A가 P섬에서 왔다고 가정해 봅시다. 그럼 A가 한 말이 진실입니다. 그러므로 세 사람은 모두 Q섬에서 왔습니다.

어라? A는 P섬에서 왔다고 가정했는데, A는 Q섬에서 온 셈이 되었군요. 그러니까 앞뒤가 맞지 않습니다. 이렇게 A가 P섬에서 왔다는 가정은 모순을 만듭니다. 따라서 A는 P섬에서 오지 않았습니다.

그러므로 A는 Q섬에서 왔고, A가 한 말은 거짓입니다. 그러므로 모두 Q섬에서 온 것은 아닙니다.

이번에는 B가 P섬에서 왔다고 가정하면, B의 말이 진실입니다. 오직 한 사람만이 P섬에서 왔으니까 C는 Q섬에서 왔습니다. 즉, 다음과 같은 경우지요.

A : Q섬

B : P섬

C : Q섬

이것은 모순되지 않습니다. 하지만 B가 Q섬에서 온 경우도 따져 보아야 합니다. B가 Q섬에서 왔으면 다음 2가지 경우가 생깁니다.

(1) A : Q섬, B : Q섬, C : P섬

(2) A : Q섬, B : Q섬, C : Q섬

⑴의 경우는 오직 1명이 P섬에서 왔으므로 B의 말이 진실이 됩니다. 그런데 B는 Q섬에서 왔으므로 진실을 말할 수 없습니다. 그러므로 모순이 됩니다.

⑵의 경우는 모두 Q섬에서 왔으니까 A의 말이 진실이 됩니다. 그런데 A 역시 Q섬에서 왔으므로 진실을 말할 수 없습니다. 그러므로 모순이 되지요.

이것을 정리하면, B는 Q섬에서 오지 않았습니다. 따라서 논리적으로 모순이 없는 경우는

A : Q섬

B : P섬

C : Q섬

으로 A, C는 Q섬에서, B는 P섬에서 왔습니다.

표를 이용하는 문제

이번에는 표를 이용하여 논리적으로 답을 찾는 방법을 알아보겠습니다.

K신문사 기자들은 교육과학기술부, 농림수산식품부, 보건복지가족부, 문화체육관광부 장관이 A, B, C, D 네 사람 중 누군가로 각각 결정되었다는 정보를 알고 있었다. 그들은 다른 신문사의 기자들을 속이기 위해 거짓 대화를 나누고 있었다. K신문사의 세 기자가 주고받는 잡담 내용은 다음과 같았다.

"A는 교육과학기술부 장관이거나 농림수산식품부 장관이야."

"교육과학기술부 장관은 B나 C야."

"B는 농림수산식품부 장관이거나 보건복지가족부 장관 중 하나야."

그렇다면 교육과학기술부 장관은 누구일까요?

이런 문제는 표를 이용하여 논리적으로 따져 보면 답을 구할 수 있습니다.

각 부의 장관 이름을 첫 글자만 써서 표를 만들기로 하지요.

'A는 교육과학기술부 장관이거나 농림수산식품부 장관'이 거짓이니까, A는 보건복지가족부 장관이거나 문화체육관광부 장관입니다. 이것을 표로 나타내면 다음과 같죠.

A	B	C	D
보, 문			

'교육과학기술부 장관은 B나 C'가 거짓이니까, B와 C는 교육과학기술부 장관이 아닙니다. 이것을 표로 나타내면 다음과 같습니다. 여기에서 '~'는 '아니다'를 나타내는 기호입니다.

A	B	C	D
보, 문	~교	~교	

'B는 농림수산식품부 장관이거나 보건복지가족부 장관 중 하나'가 거짓이니까, B는 교육과학기술부 장관이거나 문화체육관광부 장관입니다. 이것을 표로 나타내면 다음과 같지요.

A	B	C	D
보, 문	~교 교, 문	~교	

위 표를 보면 B는 교육과학기술부 장관이면서, 동시에 교육과학기술부 장관이 아닌데, 그런 경우는 없으므로 B는 문화체육관광부 장관이 됩니다. 그러므로 A는 보건복지가족부 장관이 되지요.

여기서 C는 교육과학기술부 장관이 아니고 보건복지가족

부나 문화체육관광부 장관도 아니니까, C는 농림수산식품부 장관입니다. 그러므로 교육과학기술부 장관은 바로 D입니다.

A	B	C	D
보	문	~교	

공의 색깔 맞히기

다음 문제를 봅시다.

빨간색, 노란색, 흰색 공이 각각 하나씩 있는 상자에서 공을 차례로 1개씩 꺼내 보았다. 다음 세 진술 중 오직 하나만이 참일 때 첫 번째 공은 어떤 색일까?

(A) 첫 번째 공은 빨간색이 아니다.

(B) 두 번째 공은 노란색이 아니다.

(C) 세 번째 공은 노란색이다.

(A)가 진실인 경우를 봅시다. 그럼 (B)와 (C)는 거짓이므로

1번 : ~빨

2번 : 노

3번 : ~노

이것을 표로 나타내면 다음과 같지요.

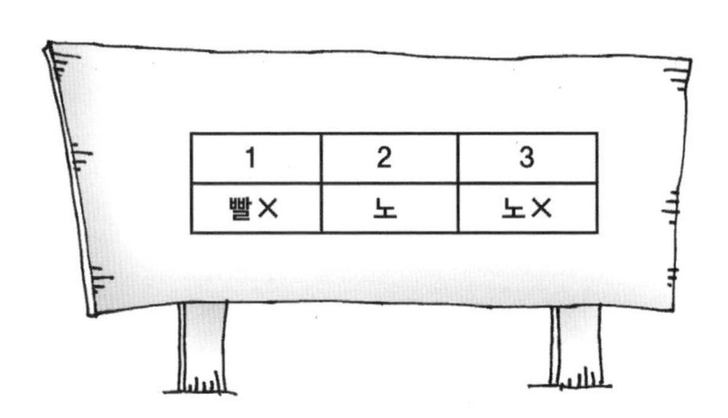

1	2	3
빨×	노	노×

첫 번째 공은 빨간색이 아니죠? 그리고 두 번째가 노란색이니까 노란색도 아니죠. 그러므로 첫 번째 공은 흰색입니다.

(B)가 진실인 경우를 볼까요? 그땐 (A), (C)가 거짓말이니까

1번 : 빨

2번 : ~노

3번 : ~노

가 됩니다. 이것을 표로 나타내면 다음과 같지요.

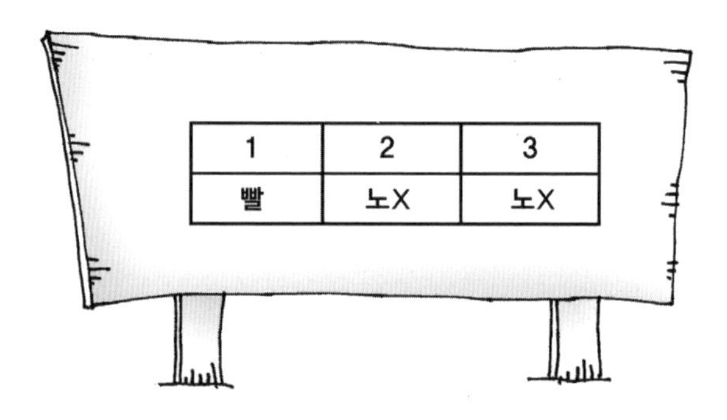

1	2	3
빨	노X	노X

이건 모순이죠? 왜냐고요? 1이 빨간색이니까 2와 3은 노란색이 아니면 흰색이죠? 그런데 2, 3은 모두 흰색이 되어 모순이 생기게 됩니다.

마지막으로 (C)가 진실인 경우 (A), (B)가 거짓말이므로

1번 : 빨

2번 : 노

3번 : 노

가 되어 모순이죠.

그러므로 (A)의 말만 진실이고 그때 첫 번째 공은 흰색입니다.

만화로 본문 읽기

진실 나라에 사는 사람은 오직 진실만 말하고, 거짓 나라에 사는 사람은 오직 거짓만을 말한다고 합니다. 이 두 나라에서 온 3명의 얘기를 들어볼까요?
진실
거짓
A
B
C

우리 세 사람은 모두 거짓 나라에서 왔습니다.
우리 중 오직 한 사람만 진실 나라에서 왔습니다.
A
B
C

이 세 사람은 각각 어느 나라에서 온 것인지 맞춰 보세요.
헉, 무진장 어려운데요.
힌트 좀 주세요.
진실?
거짓?

이 문제는 A가 진실 나라에서 왔을 때와 거짓 나라에서 왔을 때로 나누어 모순이 생기는지 여부를 따지면 됩니다.
모르겠네. 찍을까?
하여튼 못 말려.
모순=논리적으로 앞뒤가 맞지 않는 경우

A의 말이 진실이라면 세 사람은 모두 거짓 나라에서 온 셈이 됩니다. 따라서 A가 진실 나라에서 왔다는 가정은 모순을 만들지요. 따라서 A는 거짓 나라에서 온 것입니다.
진실
거짓

이번엔 B가 진실 나라에서 왔다고 하면, B, C는 거짓 나라에서 온 것이 됩니다. 이러면 논리적으로 모순이 없게 되지요.
아, 논리적으로 차근차근 따져 보면 되는군요.
진실
거짓

마 지 막 수 업

비둘기집의 원리

비둘기집의 원리와 그 응용에 대해 알아봅시다.

9

마지막 수업

비둘기집의 원리

교. 고등 수학 1-1 Ⅰ. 수와 연산
과.
연.
계.

칸토어는 학생들과의 헤어짐을 무척 아쉬워하며 마지막 수업을 시작했다.

칸토어는 비둘기 인형 3개를 가지고 들어왔다. 학생들은 그 인형이 어디에 쓰일지 궁금해했다.

벌써 마지막 수업 시간이 되었군요.

__너무 아쉬워요, 선생님.

오늘은 비둘기집의 원리에 대해 알아보겠습니다.

이 3개의 비둘기 인형을 2개의 집 A, B에 넣는 모든 경우를 살펴봅시다. 그러면 다음 페이지와 같이 4가지 경우가 생깁니다.

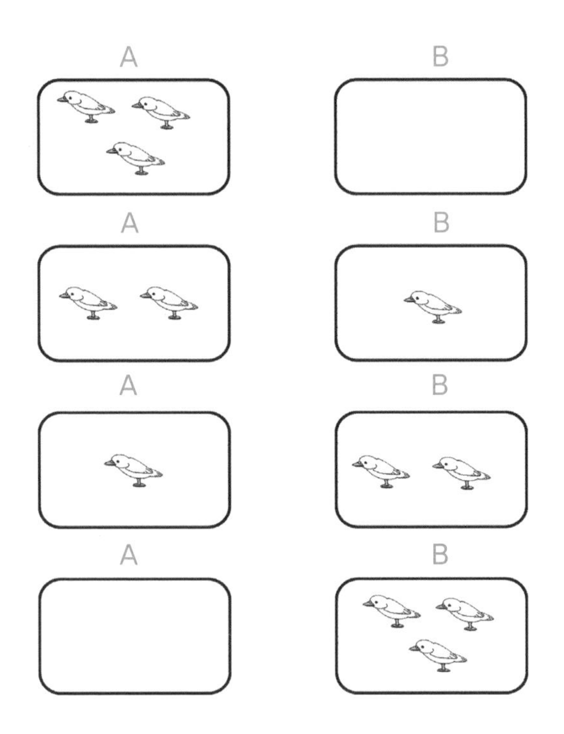

어느 경우든지 한 집에 2마리 이상이 들어가지요? 이러한 원리를 비둘기집의 원리라고 합니다.

비둘기집의 원리

옷장에 양말이 20켤레가 있다고 가정해 봅시다. 10켤레는

똑같은 모양의 흰색이고, 나머지 10켤레는 똑같은 모양의 빨간색입니다. 양말은 좌우 구별 없이 신을 수 있다고 합시다.

어느 날 양말을 꺼내려고 옷장을 여는 순간 정전이 되었다면, 같은 색깔의 양말 한 켤레를 만들기 위해 최소한 양말 몇 개를 꺼내야 할까요?

답은 너무도 쉽지요? 3개만 꺼내면 됩니다. 옷장 속에는 2종류의 양말이 있으니까, 여기서 2보다 큰 수만큼의 양말을 꺼내면 그 속에는 반드시 같은 색의 양말이 존재하겠죠. 이것이 바로 비둘기집의 원리입니다.

이 문제에서는 2보다 큰 수 중에서 제일 작은 수는 3이니까, 3개를 꺼내면 그중 반드시 같은 색이 2개 존재하게 됩니다.

따라서 3개를 꺼냈을 때 나올 수 있는 가능한 색깔을 모두 나열해 보면 다음 페이지와 같습니다.

(1) 흰색 3

(2) 흰색 2, 빨간색 1

(3) 흰색 1, 빨간색 2

(4) 빨간색 3

따라서 어떤 경우에도 같은 색의 양말 2개(한 켤레)를 얻을 수 있습니다.

비둘기집 원리의 응용

다음 문제를 보죠.

학생 수가 50명인 어떤 반에서 생일을 조사했더니 다음과 같은 2가지 사실을 알게 되었습니다.

(A) 5명 이상의 생일이 있는 달이 있다.

(B) 8명 이상의 생일이 있는 요일이 있다.

왜 그럴까요?

이것 역시 비둘기집의 원리 때문에 성립합니다.

먼저 (A)를 보죠.

1년은 12달이고 1달에 4명씩 골고루 채워도 $4 \times 12 = 48$입니다. 50은 48보다 2명 많으니까, 나머지 2명은 4명이 생일인 달에 들어가야 합니다. 그러므로 생일이 5명 이상 있는 달이 반드시 생기게 됩니다.

(B)를 보죠.

요일의 종류는 7가지입니다. 50명의 생일을 7개의 요일에 골고루 나누어도 $7 \times 7 = 49$이니까, 1명은 7명씩 들어 있는 요일에 들어가야 합니다. 그러므로 8명 이상 생일이 있는 요일이 있어야 합니다.

연속인 자연수 뽑기

1부터 10까지 쓰인 10장의 카드가 있습니다. 여기서 적어도 몇 장의 카드를 뽑아야 항상 연속인 두 수가 포함될까요?

학생들은 칸토어가 갑자기 왜 카드 문제를 내는지 알 수 없었다.

정답은 6장입니다. 그러니까 6장 이상의 카드를 뽑으면 항

상 연속인 두 수가 있게 됩니다.

얼핏 생각하면 이보다 작은 카드를 뽑아도 연속인 두 수가 나올 수 있을 것처럼 보입니다.

예를 들어 다음 2장의 카드를 뽑았다고 생각해 봅시다.

2, 3

이 두 수는 연속이므로 조건을 만족합니다. 하지만 2장의 카드로는 항상 연속인 두 수를 뽑을 수는 없습니다. 예를 들어 다음과 같이 카드를 뽑는다고 해 보죠.

1, 8

이외에도 2장을 뽑아 연속인 두 수가 포함되지 않는 경우는 아주 많이 생깁니다.

5장을 뽑는 경우를 봅시다. 이때도 다음과 같이 뽑으면 연속인 두 수가 생기지 않습니다.

1, 3, 5, 7, 9

그러므로 5장의 카드로는 항상 연속인 두 수를 포함할 수 없습니다.

하지만 6장을 뽑으면 상황은 달라집니다. 예를 들어 1, 3, 5, 7, 9를 뽑고 다른 1장의 카드를 뽑는다고 합시다. 남은 1장은 2, 4, 6, 8, 10 중의 하나입니다. 이때 1, 3, 5, 7, 9와 연속이지 않은 수를 뽑을 수 있는 방법은 없습니다. 그러므로 반드시 연속인 두 수를 포함하게 됩니다.

이렇게 1부터 10까지의 수가 있을 때 연속인 두 수를 항상 포함하려면 (10÷2+1)장의 카드를 뽑아야 합니다.

만화로 본문 읽기

이 상자에는 파란 구슬과 빨간 구슬이 있습니다. 파란 구슬이든 빨간 구슬이든 2개의 짝을 맞추려면 최소한 몇 개를 뽑아야 할까요? 맞추면 소원을 들어 드리죠.
흠…, 몇 개지?

많이 뽑으면 좋겠지만 최소한이라고 했으니까…, 한 5개?
아냐. 너무 많아. 3개 정도면 될 거 같아.
비둘기집의 원리군요.

비둘기집이요? 갑자기 웬 비둘기?
자, 보세요. 상자 속에는 2종류의 구슬이 있으니까 여기서 2보다 큰 수만큼을 꺼내면 그 속에는 반드시 같은 색의 구슬이 존재하겠죠? 이것이 바로 비둘기집의 원리예요.

만약 3개를 꺼냈을 때, 뽑을 수 있는 경우를 모두 나열해 보면 다음과 같습니다.
1 파 파 파
2 파 파 빨
3 파 빨 빨
4 빨 빨 빨

따라서 3개를 뽑으면 어떤 경우에도 같은 색의 구슬을 뽑을 수 있는 것이죠.
그렇구나. 그럼 필요한 구슬의 개수는 3개군요!

점쟁이 노파가 사라졌다.
이런, 답이 알려지니까 달아났나 봐.
하하하.

부 록

명탐정 세트

이 글은 저자가 창작한 동화입니다.

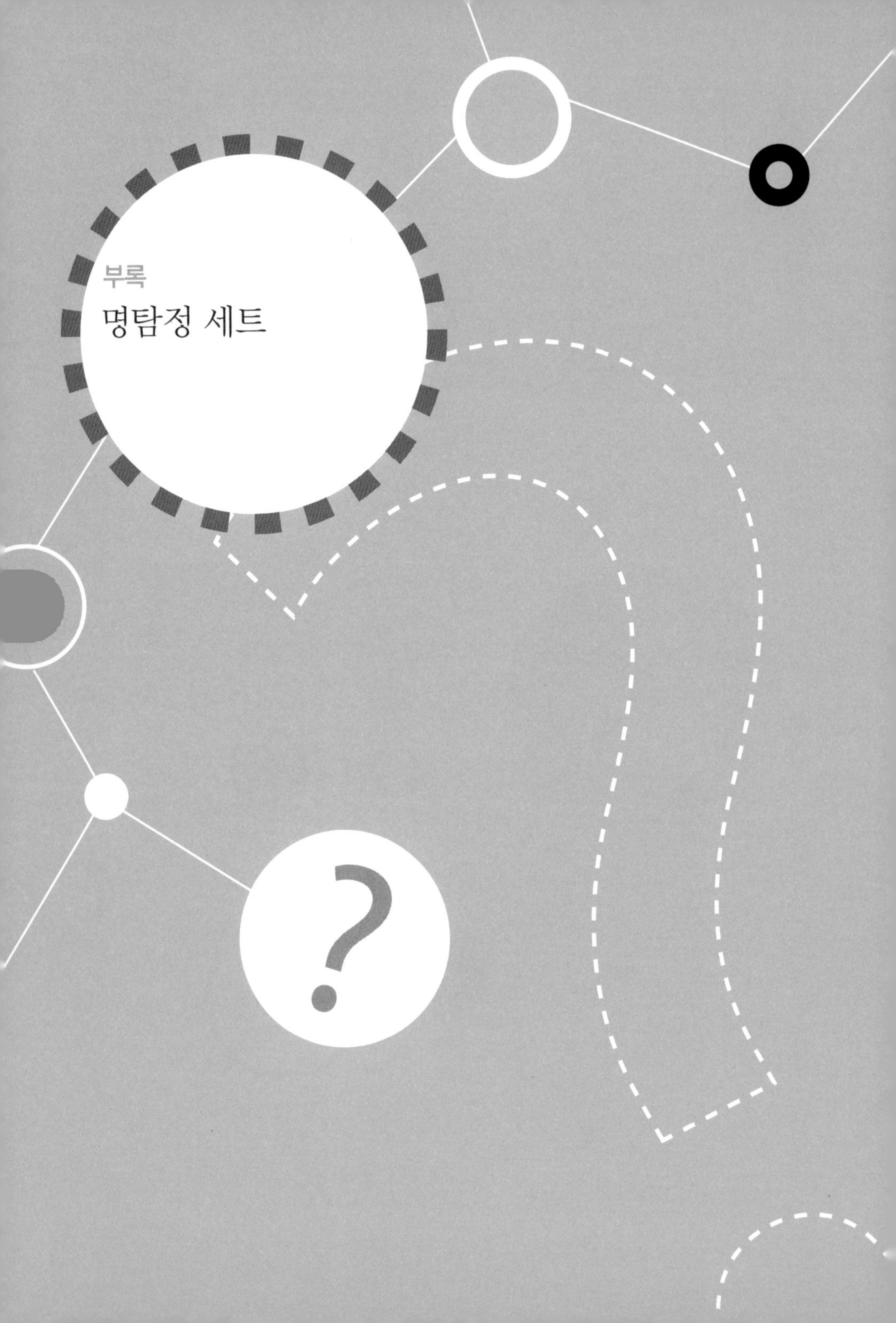

부록

명탐정 세트

세트 탐정은 수학을 아주 좋아합니다.

그래서 세트 탐정은 수학을 이용하여 범인을 잘 잡아내지요. 세트 탐정에게는 엘리라는 조수가 있습니다. 엘리는 수학을 못합니다. 그래서 세트 탐정은 시간이 날 때마다 엘리에게 수학을 가르칩니다. 요즘 세트 탐정이 가르치고 있는 수학은 집합입니다.

"너무 어려워요."

엘리는 세트 탐정에게 항상 이렇게 말합니다. 엘리의 말에 아랑곳하지 않고, 세트 탐정은 항상 그에게 수학 이야기를 해 줍니다. 엘리를 자신의 후계자로 만들고 싶기 때문이지요.

어느 날 세트 탐정 사무실에 20대 남자가 찾아왔습니다.

"인터넷 사기를 고발하고 싶습니다."

"어떤 내용이지요?"

엘리가 물었습니다.

"인터넷 X사이트에서 수학 문제를 맞히는 사람에게 상품을 준다고 했습니다. 그런데 사이트에서 이야기한 정답이 말이 안 되는 겁니다. 아마도 사기를 치는 것 같습니다."

그 남자는 흥분한 표정으로 말했습니다.

"어떤 문제인데 그러시죠?"

엘리는 어떤 문제인지 궁금해졌습니다. 그 남자는 주위를 두리번거리다가 사무실 한쪽 벽에 걸려 있는 조그만 칠판을 보더니 말했습니다.

"칠판을 좀 사용하겠습니다."

"그렇게 하세요."

"다음과 같은 세 집합이 있습니다."

그 남자는 칠판에 3개의 집합을 썼습니다.

그때 조용히 앉아 두 사람의 이야기를 듣고 있던 세트 탐정이 말했습니다.

"3개의 집합이군."

"그래요. 문제는 13이 어느 집합의 원소인가를 묻는 것이었

습니다. 그래서 저는 세 집합의 원소들 사이의 규칙을 조사했지요. 하지만 어떤 규칙도 찾아낼 수 없었습니다. 이 문제는 답이 없는 거지요. 하지만 X사이트에서는 정답을 B라고 하며, B를 적어 낸 사람들에게 경품을 주었습니다."

그 남자는 큰 소리로 말했습니다.

"탐정님! 정말 말도 안 되는 문제네요. 이런 규칙이 어디 있습니까?"

엘리도 흥분한 표정으로 덧붙였습니다.

잠시 후 의자에 앉아 눈을 감고 있던 세트 탐정이 말했다.

"문제는 잘못되지 않았소. 정답은 B가 맞아요."

"그럴 리가요? 이렇게 불규칙한 수들 사이에 어떤 규칙이 있다는 거죠?"

그 남자가 놀란 목소리로 물었습니다.

“당신은 숫자를 수로만 본 거요.”

세트 탐정이 말했습니다.

“그럼 숫자를 수로 안 볼 수도 있나요?”

“수를 안 배운 아이들에게 숫자는 그림일 뿐이오. 이것은 숫자를 그림으로 취급하여 3종류로 나눈 것뿐이오.”

“어떻게 나눈 거죠?”

“집합 A의 원소들을 보시오. 전부 직선으로만 이루어진 숫자들이죠? 그리고 집합 B의 원소들은 직선과 곡선으로 이루어진 숫자들이고, 집합 C의 원소들은 전부 곡선으로만 이루어진 숫자들이오.”

“허걱!”

칠판을 들여다본 남자는 놀라서 소리쳤습니다. 세 집합은 세트 탐정의 말대로 숫자를 직선과 곡선으로 나눈 것이었습니다.

남자는 아무 말도 하지 못하고 세트 탐정의 방을 나갔습니다. 더 이상 사이트를 고발할 이유가 없어졌기 때문이지요. 이렇게 세트 탐정은 현명하게 문제를 해결하곤 했습니다.

며칠 후, 세트 탐정은 새로운 사건을 맡게 되었습니다. 마을에서 보석을 파는 주얼리 씨가 보석을 도둑맞았는데, 목격자들의 말에 따르면 2명이 보석 가게를 턴 것으로 추정되었습니다.

사건의 용의자는 같은 마을에 사는 세 사람이었습니다. 이 중 2명이 범인이지요.

첫 번째 용의자는 앤디라는 청년이었고, 두 번째 용의자는 베티라는 20대 여성이었습니다. 그리고 마지막 용의자는 초이라는 40대 남자였습니다.

세트 탐정은 거짓말 탐지기를 이용하여 세 사람의 진술을 받기로 했습니다. 세트 탐정은 세 사람과 이야기를 나누었습니다.

먼저 앤디에게 물었습니다.

"당신이 범인이지?"

"저는 범인이 아니에요."

앤디가 대답했습니다. 다음으로 베티에게 물었습니다.

"당신이 범인이지?"

"앤디가 범인이에요."

베티가 대답했습니다. 마지막으로 세트 탐정은 초이에게 물었습니다.

"당신이 범인이지?"

"제가 범인이에요."

초이가 대답했습니다.

세트 탐정은 3명의 용의자를 모두 돌려보냈습니다. 그때 엘리가 말했습니다.

"초이가 범인이군요."

"왜 그렇게 생각하지?"

세트 탐정이 물었습니다.

"자신이 범인이라고 자백했잖아요?"

"그 자백을 믿나? 용의자들은 거짓말을 하고 있단 말이야. 엘리, 일단 거짓말 탐지기 결과를 가지고 와 봐."

잠시 후 엘리가 얼굴이 상기된 얼굴로 왔습니다.

"탐정님, 죄송합니다. 거짓말 탐지기에 용의자의 이름을 입력하지 않아서 누가 거짓말을 했는지를 알 수가 없어요."

엘리는 세트 탐정에게 혼이 나지 않을까 걱정하는 표정이었습니다.

"그런 실수를 하다니. 그렇다면 거짓말을 한 사람은 몇 명이지?"

세트 탐정이 물었습니다.

"2명이 거짓말을 했습니다."

엘리가 대답했습니다.

"좋아. 그럼 범인이 누군지를 밝혀야겠군."

"어떻게 밝히죠?"

"논리적으로 따지면 될 거야."

세트 탐정이 미소를 지으며 말을 이었습니다.

"2명이 거짓말을 했으니까 1명만이 진실을 이야기한 셈이야. 이제 앤디를 A, 베티를 B, 초이를 C라 하고 가능한 모든 경우를 따져 봐야겠어."

세트 탐정은 자리에서 일어나 칠판 앞으로 갔습니다.

"앤디가 진실을 말했다면 앤디는 범인이 아니고, 베티의 말이 거짓이니까 앤디는 범인이 아니고, 초이의 말이 거짓이니까 초이는 범인이 아니야. 범인인 경우를 ○로, 범인이 아닌 경우를 ×라고 하면 다음과 같이 되겠지."

세트 탐정은 다음과 같이 썼습니다.

“그럼, 범인이 2명이 아니잖아요?”

엘리가 따졌습니다.

“그래, 맞아. 그러니까 앤디는 진실을 이야기한 게 아니야. 그럼 다음 경우를 따져 볼까? 베티가 진실을 말했다면 앤디의 말은 거짓이니까 앤디는 범인이고, 초이의 말이 거짓이니까 초이는 범인이 아니야.”

세트 탐정은 칠판에 다음과 같이 썼습니다.

"베티까지 범인이 되면 되겠군요."

엘리가 말했습니다.

"그래, 그런 가능성이 있지. 하지만 마지막 남은 경우도 따져 봐야겠어. 그게 공정할 테니까."

"초이가 진실을 말했다는 가정 아래 말이죠?"

"그래. 그때는 앤디가 거짓말을 했으니까 앤디는 범인이고, 베티가 거짓말을 했으니까 앤디는 범인이 아니잖아. 그러니까 다음과 같지."

세트 탐정이 다음과 같이 썼습니다.

"앤디가 범인이면서 범인이 아닐 수 있나요?"

엘리가 이상한 듯 표를 자꾸 쳐다보았습니다.

"그런 일은 있을 수 없지. 이런 걸 모순이라고 하거든. 그러니까 초이가 진실을 말했을 리는 없어. 모든 경우를 따져 보았을 때 범인이 2명이 되는 경우는 베티가 진실을 말한 경우뿐이야. 그러니까 범인은 앤디와 베티가 되는 거지."

세트 탐정은 2명의 범인을 찾아냈습니다. 세트 탐정과 엘리는 두 사람의 집에서 주얼리 씨의 보석을 찾아냈습니다. 이렇게 세트 탐정은 논리를 이용하여 주얼리 씨 가게의 도둑을 찾아냈습니다.

이튿날, 마을 보안관이 세트 탐정을 만나러 왔습니다.

"무슨 일이시죠, 보안관님?"

"골치 아픈 사건이 생겼어."

보안관은 파이프에 불을 붙였습니다. 뭔가 복잡한 일이 있어 보였습니다.

"어떤 사건인지 말씀해 주시죠. 제가 해결해 드리겠습니다."

세트 탐정은 자신 있는 표정으로 말했습니다.

"그래. 세트 탐정이라면 해결할 수 있을지 몰라."

보안관은 담배 연기를 길게 내뿜었습니다. 그러고는 말을 이었습니다.

"마을 슈퍼에서 누군가 도둑질을 한 사건이 있었네. 용의자는 5명인데, 5명의 용의자 말이 모두 달라. 그래서 누가 범인인지를 알 수가 없어."

"용의자는 누구죠?"

세트 탐정이 물었습니다.

"퍼스, 세컨, 서드, 포스, 피프, 이렇게 5명이야. 이들 모두 친구 사이야. 일은 안 하고 매일 빈둥빈둥 놀고 있는 놈들이지."

"어떻게 진술했지요?"

"서로 범인을 다르게 지목하고 있어. 퍼스는 세컨이 범인이라 주장하고, 세컨은 서드가, 서드는 포스가, 포스는 피프가, 그리고 피프는 퍼스가 범인이라고 주장하더군."

"그럼 용의자들을 함께 모아 놓고 누가 거짓말을 하는지 물어보았나요?"

"그게 필요한가?"

보안관은 이상하다는 표정으로 세트 탐정의 얼굴을 바라보았습니다.

"그들은 친구 사이입니다. 그러므로 누가 범인인지는 모두들 알고 있을 것입니다. 다만, 그것을 가르쳐 주지 않으려고 하는 것뿐이지요."

세트 탐정이 말했습니다.

세트 탐정은 용의자들을 만나기 위해 보안관을 따라나섰습니다. 세트 탐정은 5명의 용의자가 있는 방으로 들어갔습니다. 5명의 용의자는 모두 편한 자세로 앉아 있었습니다.

세트 탐정이 퍼스에게 물었습니다.

"누가 거짓말을 했죠?"

"오직 1명만이 거짓말을 했습니다."

퍼스가 웃으면서 대답했습니다. 세트 탐정이 세컨에게 물었습니다.

"누가 거짓말을 했죠?"

"오직 2명만이 거짓말을 했습니다."

세컨이 대답했습니다. 세트 탐정이 서드에게 물었습니다.

"누가 거짓말을 했죠?"

"오직 3명만이 거짓말을 했습니다."

서드는 약간 긴장한 표정으로 대답했습니다. 세트 탐정이 포스에게 물었습니다.

"누가 거짓말을 했죠?"

"오직 4명만이 거짓말을 했습니다."

포스는 담담한 표정으로 대답했습니다. 세트 탐정은 마지막으로 피프에게 물었습니다.

"누가 거짓말을 했죠?"

"우리 5명 모두 거짓말을 했습니다."

피프는 건성으로 대답했습니다.

"용의자들이 우리를 놀리고 있군."

보안관이 화를 냈습니다. 그러자 조용히 뭔가를 생각하던 세트 탐정이 말했습니다.

"그렇지 않습니다. 단서는 바로 포스에게서 얻을 수 있습니다."

용의자들은 모두 놀란 표정을 지었고, 포스는 얼굴이 파랗게 질렸습니다.

"어떻게 그런 결론이 나오는 거지?"

보안관이 고개를 갸우뚱거리며 물었습니다.

"설명하겠습니다. 5명의 용의자는 거짓말을 한 사람의 수를 서로 다르게 말했습니다. 이것이 바로 결정적인 힌트입니다. 5명의 말이 모두 다르므로 이 중에서 진실을 말한 사람은 오직 1명입니다."

세트 탐정이 말했습니다.

"그럼 포스가 진실을 말했다는 것인가?"

"그렇습니다."

"다른 용의자가 진실을 말했을 수도 있지 않은가?"

보안관이 세트 탐정에게 물었습니다.

"퍼스가 진실을 말했다면 거짓말을 한 사람은 1명입니다. 그렇다면 4명이 진실을 말했다는 이야기가 되지요. 그런데 나머지 4명의 말은 서로 일치하지 않습니다. 그러므로 퍼스가 진실을 말했다면 모순이 생기지요. 마찬가지로 세컨이 진실을 이야기했다면 3명이 거짓말을 한 셈이 되지요. 그런데 3명의 말이 모두 다르므로 3명의 말이 진실일 수는 없지요. 서드와 피프가 진실을 말하는 경우도 마찬가지로 모순이 생기지요. 그러니까 포스의 말이 진실이어야 합니다."

세트 탐정이 말했습니다. 하지만 보안관은 아직도 세트 탐정의 말을 이해할 수 없었습니다.

"포스가 진실을 말했다면 4명이 거짓말을 한 것이니까, 자신만 진실을 말했다는 이야기와 모순되지 않는군. 그럼, 피프가 진실을 말하는 경우는 왜 안 되는 거지?"

보안관이 물었습니다.

"피프의 말이 사실이라면 모두 거짓말을 한 것이 되므로,

피프의 말도 거짓말이 되지요. 그러므로 모순이 생기기 때문에 피프의 말이 진실일 수는 없어요."

세트 탐정의 말이 끝나자 5명의 용의자는 고개를 떨어뜨렸습니다.

범인은 포스가 말한 피프였습니다. 이렇게 세트 탐정의 지혜로 보안관은 범인을 잡을 수 있었습니다.

세트 탐정이 사는 마을에는 부모를 잃고 어렵게 살아가는 어린 두 남매가 있었습니다. 12세인 토미는 두 살 아래의 여동생 로린과 함께 나라에서 주는 기본적인 생활비로 하루하루 살아가고 있었습니다. 하지만 정부에서 지원하는 생활 보조금만으로는 토미와 로린이 초등학교에 다니면서 필요한 문구를 사고 생활하기에 턱없이 부족했습니다.

"토미 오빠! 쌀밥이 먹고 싶어."

로린은 오빠에게 자주 말했습니다. 하지만 쌀밥을 끼니마다 먹을 만큼의 돈이 없던 토미는 그때마다 괴로워했습니다.

그런데 언제부터인가 토미와 로린은 끼니마다 쌀밥을 먹을 수 있게 되었습니다. 그것은 매주 월요일 저녁마다 누군가 남매를 위해 쌀 한 가마니를 가져다 놓았기 때문입니다.

"오빠, 누가 쌀을 갖다 놓는지 알고 싶어."

착한 로린이 토미에게 말했습니다.

"그래, 나도 무척 궁금해. 고맙다고 인사라도 드려야 할 텐데……."

토미도 로린과 같은 생각이었습니다.

토미와 로린은 다음 월요일 저녁에 그 사람을 기다리기로 했습니다.

드디어 월요일 저녁 7시 45분. 토미와 로린은 문 뒤에 숨어 있었습니다.

'쿵' 소리를 내며 쌀 한 가마니가 문 앞에 떨어졌습니다.

"그분이 오셨어, 오빠."

로린이 조용히 말했습니다.

"문밖으로 나가 보자."

토미는 로린을 데리고 문밖으로 나갔습니다. 부부로 보이는 두 남녀가 황급히 뛰어가고 있었습니다.

"잠깐만요."

토미가 소리쳐 보았지만 두 남녀를 멈추게 할 수는 없었습니다.

"실패했어, 로린."

토미가 낙담하여 말했습니다.

"오빠, 세트 탐정 아저씨에게 찾아 달라고 하자."

로린이 제안했습니다. 세트 탐정은 토미와 로린에게는 친구 같은 아저씨였지요.

토미와 로린은 세트 탐정을 찾아가 자초지종을 상세히 이야기했습니다.

"그렇게 훌륭한 부부가 있다니……."

세트 탐정은 감동을 받은 듯 말했습니다.

세트 탐정은 토미와 로린이 본 착한 부부의 뒷모습을 토대로 비슷한 뒷모습을 가진 부부들을 조사했습니다. 그 결과 토미의 옆집에 살고 있는 고딘 씨 부부가 가장 비슷하다는 결론을 내렸습니다.

세트 탐정은 고딘 씨 부부를 찾아갔습니다. 그리고 고딘 씨에게 물었습니다.

"토미가 사는 집 대문 앞에 쌀가마니를 갖다 놓으셨지요?"

"그런 적 없어요. 다른 착한 사람이 그랬을 거예요."

고딘 씨가 자신은 그런 적이 없다고 부인했습니다.

어쩔 수 없이 세트 탐정은 고딘 씨 부부의 알리바이를 조사하기로 했습니다. 물론 고딘 씨 부부는 나쁜 짓을 한 범인은 아니죠. 하지만 세트 탐정은 토미와 로린의 간청 때문에 천사 부부를 찾아 주어야 한다고 생각했습니다.

세트 탐정은 멍하니 유리창을 바라보았습니다.

"쌀가마니를 놓고 간 시각은 7시 45분이야. 그럼, 7시 45분까지 알리바이를 조사하면 되겠군."

세트 탐정이 마음속으로 중얼거렸습니다. 세트 탐정은 고딘 씨에게 물었습니다.

"어제 저녁에 한 일을 말씀해 주세요."

"우리 부부는 7시 20분부터 각자 일을 했어요. 저는 15분 동안 인터넷에 글을 올렸어요. 우리 부부가 사는 모습에 대한 이야기죠. 글을 올리고 난 뒤 저는 15분 동안 잔디를 깎았어요."

고딘 씨가 빙긋 웃으며 말했습니다.

"아내는 그 시간에 뭘 했죠?"

세트 탐정이 물었습니다.

"아내는 7시 20분부터 저녁 식사 준비를 했어요."

고딘 씨가 대답했습니다.

'고딘 씨의 일은 30분이 걸리니까 7시 50분에 마치게 되잖아. 그럼, 고딘 씨가 아니라는 말인데…….'

세트 탐정은 고민에 빠졌습니다.

그래서 이번에는 고딘 씨의 인터넷 접속 상황을 조사해 보기로 했습니다. 7시 20분에 접속하여 7시 35분에 글이 올라갔다는 것이 확인되었습니다.

고딘 씨의 옆집에 사는 마틴 씨가 7시 40분에 고딘 씨가 잔디를 깎고 있는 것을 보았다고 주장했습니다. 고딘 씨의 잔디 깎는 기계는 사용한 시간이 표시되는데 15분 동안 기계가 작동된 것으로 기록되어 있었습니다. 그래서 고딘 씨의 알리바이는 완벽한 것처럼 보였습니다.

세트 탐정의 고민은 깊어졌습니다. 마을의 다른 부부들을 떠올려 보았지만, 고딘 씨 부부 말고는 그런 착한 일을 할 부부가 떠오르지 않았기 때문이었습니다.

결국 세트 탐정은 고딘 씨네 집을 나와 사무실로 향했습니다.

"5분 차이야. 만일 고딘 씨가 5분만 일찍 일을 마칠 수 있다면, 7시 45분에 토미의 집에 쌀을 갖다 놓을 수 있을 텐데……. 하지만 인터넷 접속 시각이나 잔디 깎는 기계에 나타난 시간을 합치면 고딘 씨는 틀림없이 7시 20분부터 30분 동안 일을 했단 말이야. 그럼 7시 45분에는……."

사건은 점점 더 꼬이는 것 같았습니다.

며칠 동안 세트 탐정은 밤잠까지 설치며 생각했습니다. 토미와 로린은 세트 탐정에게 착한 부부를 찾아 달라고 계속 졸랐습니다.

세트 탐정은 다시 고딘 씨의 집을 찾아갔습니다. 그러고는 아내에게 물었습니다.

"그날 준비한 음식이 뭐였죠?"

"스파게티였어요. 요리하는 데 30분이 걸리지요. 그러니까 우린 아니에요."

고딘 씨의 아내는 미소를 지으며 말했습니다.

세트 탐정은 고딘 씨에게 물었습니다.

"그날 인터넷에 올린 글의 제목이 뭐죠?"

"자식 없이 살아가는 남편과 아내의 하루에 대해 쓴 글입니다."

고딘 씨도 미소를 지었습니다.

"그 글을 좀 볼 수 있을까요?"

세트 탐정이 말했습니다.

"우리들이 자필로 쓴 것이 있어요. 그것을 보고 타이핑했지요."

고딘 씨가 말했습니다.

"지금 우리들이라고 했나요? 글은 고딘 씨 혼자 쓴 것이 아닌가요?"

세트 탐정이 예리하게 물었습니다.

"물론 제 글입니다. 하지만 우린 부부니까 글을 쓸 때 상의

를 하지요."

고딘 씨는 방으로 들어가서 자신의 글을 인쇄한 것을 가지고 나와 세트 탐정에게 건네주었습니다. 세트 탐정은 고딘 씨의 글을 읽어 보았습니다. 분량으로 보아 5분 정도는 타이핑을 쳐야 하는 내용이었습니다.

세트 탐정은 잠시 말이 없었습니다. 고딘 씨의 아내는 세트 탐정에게 차를 가져왔습니다. 그때 세트 탐정이 무릎을 치며 말했습니다.

"그래요, 두 분이 착한 천사가 틀림없어요."

"우린 알리바이가 완벽하잖아요?"

고딘 씨가 말했습니다.

"그럴까요? 저는 그동안 두 분의 일에 공통 부분이 없다고 생각했어요. 하지만 공통 부분이 있다면 전체 시간은 줄어들 수가 있지요."

"그게 무슨 말이죠?"

고딘 씨가 고개를 갸우뚱거렸습니다.

"스파게티를 준비하는 데 30분 정도 걸리는 것은 사실입니다. 하지만 스파게티의 면을 끓이는 과정이 5분 정도 걸립니다. 따라서 면이 익는 동안 고딘 씨의 아내는 5분 정도 쉴 수 있다고 봅니다."

"하지만 제가 하는 일은 잠시도 쉴 수 없잖아요?"

고딘 씨가 따졌습니다.

"고딘 씨도 25분 만에 일을 처리할 수 있습니다."

세트 탐정은 자신 있는 표정으로 말했습니다. 고딘 씨 부부는 자신들이 거짓말을 하고 있다는 것을 세트 탐정이 알지 못할 것이라고 생각했습니다.

세트 탐정의 말이 이어졌습니다.

"7시 20분부터 7시 30분까지 고딘 씨는 인터넷 사이트에 글을 올리고 있었고, 아내는 스파게티 요리를 하고 있었습니다. 이때 고딘 씨의 아내는 스파게티의 소스 재료를 만들어 두었을 것입니다. 7시 30분에 고딘 씨는 아내를 불렀습니다. 그때부터 35분까지 아내는 스파게티 면을 끓게 놔두고, 고딘 씨의 이름으로 글을 올린 거죠. 그러므로 고딘 씨는 7시 30분부터 잔디를 깎을 수 있었겠죠. 고딘 씨는 15분 동안 잔디를 깎았으니까, 고딘 씨의 일은 7시 45분에 마치게 되지요."

"하지만 아내가 스파게티 요리를 마치려면 5분이 더 필요한데요?"

"그렇군요. 아내의 5분이 문제가 되는군요."

세트 탐정은 의미심장한 미소를 지었습니다.

세트 탐정은 스파게티 조리법이 적힌 봉지를 가지고 와서

두 사람에게 말했습니다.

"스파게티 조리의 마지막 5분은 만들어진 스파게티 소스를 약한 불에서 5분 동안 가열하는 거지요. 이 과정은 굳이 누가 지키고 있지 않아도 됩니다. 즉, 고딘 씨의 아내는 7시 45분에 소스를 올려놓고 고딘 씨와 함께 옆집인 토미의 집으로 가서 쌀 한 가마니를 갖다 놓았습니다. 그 뒤 다시 집으로 와서 소스 끓이는 불을 끄고 저녁 식사를 한 거죠."

고딘 씨 부부의 얼굴이 붉어졌습니다. 감추려고 했던 자신들의 착한 행동을 세트 탐정이 알아냈기 때문이었지요.

이렇게 되어 토미와 로린은 물론, 마을 사람들까지 고딘 씨 부부의 착한 행동에 대해 알게 되었습니다.

토미와 로린은 고딘 씨 부부에게 고마운 마음을 전했습니다. 그리고 세트 탐정의 주선으로 아이가 없는 고딘 씨 부부는 토미와 로린을 자신의 아들딸로 삼았습니다. 고딘 씨 부부는 새로 생긴 아들딸과 함께 아주 행복하게 살았습니다.

수학자 소개

실변수 함수론의 기초를 구축한 칸토어Georg Ferdinand Ludwig Philipp Cantor, 1845~1918

칸토어는 1845년 러시아의 상트 페테르부르크에서 부유한 상인의 아들로 태어났습니다. 칸토어의 아버지는 덴마크 출신으로, 러시아에서 살다가 칸토어가 11세 때 독일로 이사했습니다. 이러한 이유 때문에, 나중에 칸토어가 유명해지자 이들 세 나라에서 서로 자기 나라 사람이라고 주장하는 해프닝이 벌어지기도 했습니다.

칸토어는 독일의 취리히 대학과 베를린 대학에서 공부하며 가우스의 정수론에 심취하였습니다. 그 후 할레 대학 강사와 조교수를 거쳐 1879년 정교수가 되었습니다.

칸토어의 가장 큰 업적은 당시의 수학자들이 금기시했던

무한의 개념을 밝히고 무한 중에도 여러 단계가 있다는 것을 수학적으로 설명한 것입니다. 칸토어 이전에도 '무한'이라는 말이 사용되기는 했지만 무한에 대한 연구는 이루어지지는 않았습니다.

당시의 사람들에게 무한에 대한 연구는 신을 모독하는 행위로 여겨졌기 때문입니다. 이러한 사회 분위기 속에서 '무한의 수학'인 '집합론'을 연구하던 칸토어는 놀라운 무한의 성질을 밝혀내고는 스스로도 10년간이나 고민하다가 29세인 1874년에 《집합론》이라는 책을 통하여 발표하였습니다.

이 책이 처음 발표되었을 때, 너무나 큰 반대와 비난을 받았던 칸토어는 40세 무렵인 1884년부터 정신병 증세를 보여 정신 병원에 입원하곤 했습니다.

칸토어가 죽기 전에 '무한 집합론'이 세상의 인정을 받긴 했지만, 끝내 정신 병원에서 쓸쓸한 최후를 맞았습니다.

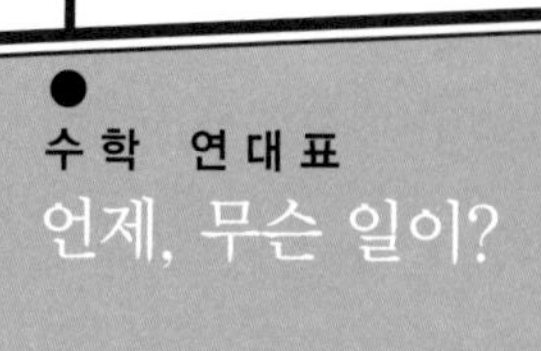
수학 연대표
언제, 무슨 일이?

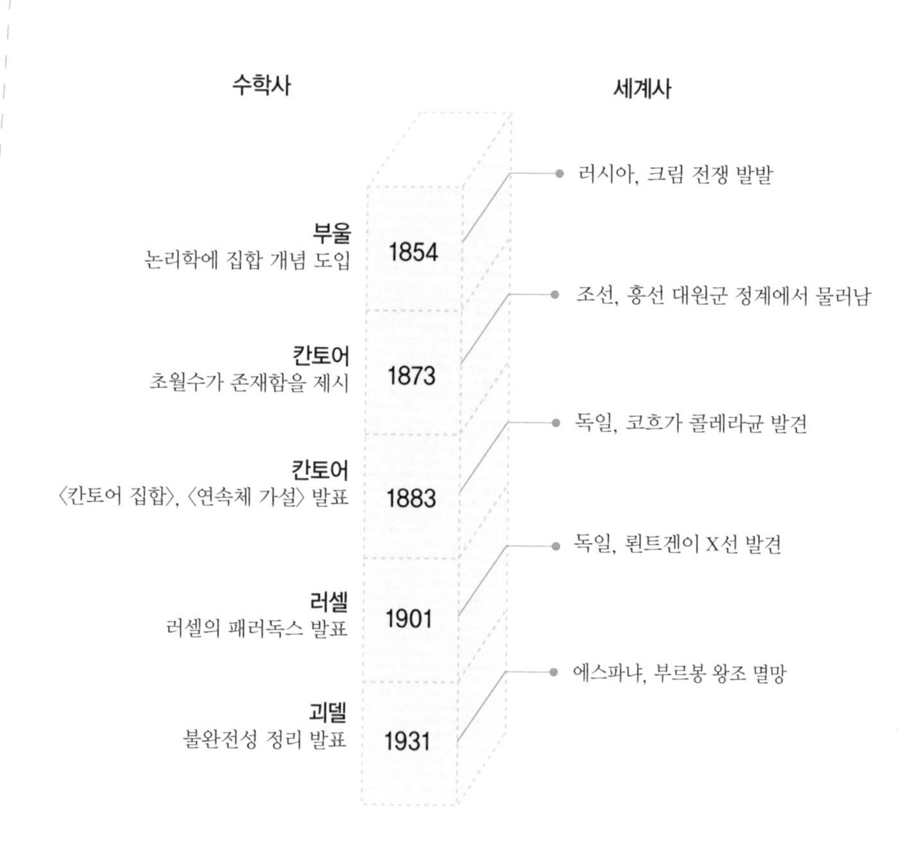
수학사
세계사
러시아, 크림 전쟁 발발
부울
논리학에 집합 개념 도입
1854
조선, 흥선 대원군 정계에서 물러남
칸토어
초월수가 존재함을 제시
1873
독일, 코흐가 콜레라균 발견
칸토어
〈칸토어 집합〉, 〈연속체 가설〉 발표
1883
독일, 뢴트겐이 X선 발견
러셀
러셀의 패러독스 발표
1901
에스파냐, 부르봉 왕조 멸망
괴델
불완전성 정리 발표
1931

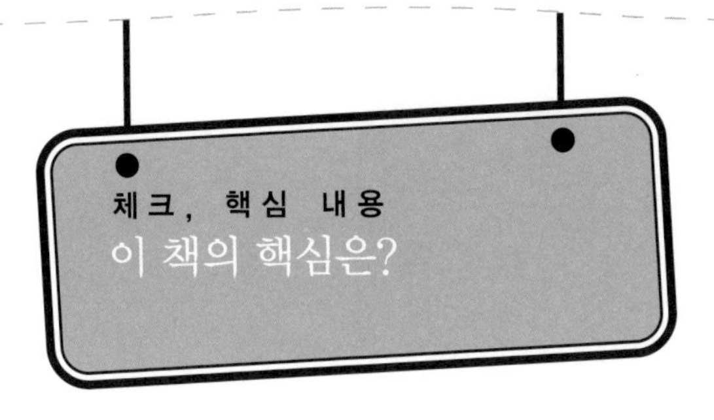

1. 원소가 하나도 없는 집합을 □□□ 이라고 한다.
2. 원소가 2개인 집합의 부분집합의 개수는 □ 개입니다.
3. 두 집합에 공통으로 속하는 원소들의 집합을 A와 B의 □□□ 이라 부르고, A∩B라고 씁니다.
4. □-□ 는 B에는 속하고 A에는 속하지 않는 원소들로만 이루어진 집합입니다.
5 집합 A와 A의 여집합의 교집합은 □□□ 입니다.
6. □□ 란 참과 거짓을 구별할 수 있는 문장을 말합니다.
7. 결론을 부정하여 조건으로 하고, 조건을 부정하여 결론으로 만든 명제를 □□ 라고 합니다.

1. 공집합 2. 4 3. 교집합 4. B, A 5. 공집합 6. 명제 7. 대우

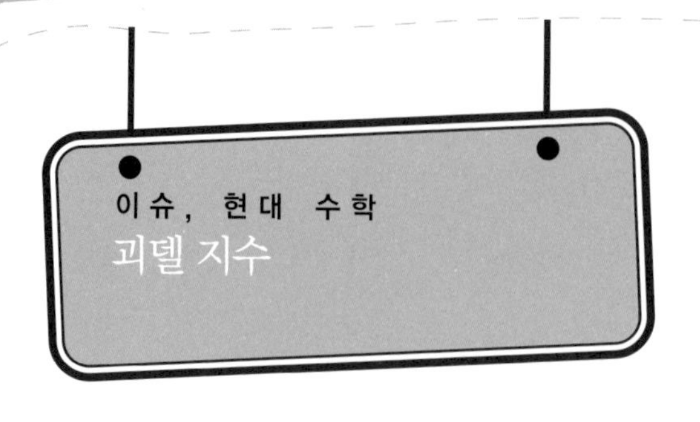

이슈, 현대 수학
괴델 지수

집합론의 창시자인 칸토어는 처음으로 무한의 개념을 수학에 도입했습니다. 그는 자연수의 집합과 짝수의 집합이 모두 무한집합이고 짝수의 집합의 원소를 자연수의 집합의 원소에 일대일대응할 수 있으므로 짝수의 개수와 자연수의 개수는 같다고 설명했습니다. 예를 들어, 짝수 2, 4, 6,…을 자연수 1, 2, 3,…에 일대일대응할 수 있지요.

칸토어는 어떤 무한집합의 원소들이 자연수에 일대일대응될 때 그 무한집합을 셀 수 있는 무한집합이라고 하고, 그렇지 않은 경우를 셀 수 없는 무한집합이라 불렀습니다.

그러므로 짝수의 집합, 홀수의 집합, 정수의 집합, 유리수의 집합은 모두 셀 수 있는 무한집합이고, 실수의 집합은 셀 수 없는 무한집합이 됩니다.

여기서 유리수의 집합이 셀 수 있는 무한집합임을 가장 쉽게 증명한 사람은 20세기의 천재 수학자 괴델(Kurt Gödel)입니다. 그는 괴델 지수를 도입하여 유리수와 자연수의 일대일 대응을 보였습니다.

유리수는 양의 유리수, 음의 유리수와 0으로 이루어져 있으므로 임의의 유리수는 $(-1)^n \times \frac{p}{q}$로 쓸 수 있습니다. 여기서 $(-1)^n$은 n이 짝수이면 +1이고, n이 홀수이면 −1이 됩니다. 또한 p와 q는 음수가 아닌 정수입니다.

괴델은 $(-1)^n \times \frac{p}{q}$를 $2^n \times 3^p \times 5^q$에 일대일대응할 수 있음을 알아냈는데 $2^n \times 3^p \times 5^q$을 괴델 지수라고 부릅니다. 예를 들어, $-\frac{3}{4} = (-1)^1 \times \frac{3}{4}$이므로 $-\frac{3}{4}$의 괴델 지수는 $2^1 \times 3^3 \times 5^4 = 33750$이 되지요. 이것은 유리수와 괴델 지수 사이의 일대일대응이고, 유리수의 순서는 그것에 대응되는 괴델 지수의 크기에 따라 나열하면 되므로, 유리수의 집합은 셀 수 있는 무한집합임을 증명했습니다.

찾 아 보 기

어디에 어떤 내용이?